U0772937

解忧小铺

焦虑分子的治愈指南

〔美〕马丁·罗斯曼（Martin Rossman, M.D.）◎ 著

郑超凡 ◎ 译

人民邮电出版社

北京

图书在版编目（ＣＩＰ）数据

解忧小铺 / （美）马丁·罗斯曼（Martin Rossman）
著；郑超凡译. -- 北京：人民邮电出版社，2017.3
ISBN 978-7-115-44900-9

Ⅰ. ①解… Ⅱ. ①马… ②郑… Ⅲ. ①焦虑—自我控
制—通俗读物 Ⅳ. ①B842.6-49

中国版本图书馆CIP数据核字(2017)第027138号

内 容 提 要

为什么忧虑总是如影随形？是否存在一些行之有效的方法可以让我们从容地应对忧虑？

马丁·罗斯曼博士是心身医学领域的先驱，他结合多年的实践经验，指出困扰我们的大多数忧虑并非来源于现实，而是源于我们失控的想象。他从心理学以及医学的角度针对忧虑进行了深入的研究，指出忧虑是一种具有双重属性的心理机制，它既能给我们带来困扰也能让我们避开危险。通过对三重脑结构模型理论的阐述，马丁·罗斯曼提倡借助感性脑的内在智慧来帮助我们认清忧虑，将消极忧虑转化为积极忧虑。

《解忧小铺》是一本用于自我疗愈的心理自助指南，它能帮助我们从容地应对压力、忧虑、焦虑，坦然面对生活中的种种困扰。

◆　　著　【美】马丁·罗斯曼（Martin Rossman, M.D.）
　　　　译　郑超凡
　　责任编辑　王飞龙
　　特约审稿　李　锦
　　执行编辑　黄书环
　　责任印制　焦志炜

◆人民邮电出版社出版发行　　北京市丰台区成寿寺路 11 号
邮编 100164　电子邮件 315@ptpress.com.cn
网址 http://www.ptpress.com.cn

北京隆昌伟业印刷有限公司印刷

◆开本：880×1230　1/32
印张：9　　　　　　　　　　　　2017 年 3 月第 1 版
字数：180 千字　　　　　　　　2017 年 3 月北京第 1 次印刷

著作权合同登记号　图字：01-2016-2841 号

定　价：49.00 元
读者服务热线：（010）81055656　印装质量热线：（010）81055316
反盗版热线：（010）81055315
广告经营许可证：京东工商广字第 8052 号

谨以此书献给我的祖父母以及外祖父母，路易斯·夏皮罗与杰西·夏皮罗，丹尼尔·腾琛与埃斯特·腾琛。尽管他们有许多困难与烦恼，但他们总能勇敢面对，并且体面、优雅地解决。

你远比自己想象的更加睿智、强大而且富有创造力。读完这本书，你对此会有更深刻的认识。

推荐序

多年来，我的工作重心一直放在教人们（包括医生）如何提升人体自我疗愈的能力上。我的许多建议都与我们所选择的生活方式有关。正如生活中我们选择不同的食物会给身体带来不同的影响一样，明智的选择会使人充满活力、健康长寿；反之则可能会缩短人的寿命，或让人备受各种慢性疾病的困扰。不仅如此，选择每天锻炼身体可以让你保持身体的灵活性，并使你的精力更加充沛，降低患上慢性疾病的风险（包括许多老年疾病）。在所有你能做的选择中，学习管理压力或许是你能为享受健康充实的生活而做出的最为关键的选择之一。

管理压力与我们的忧虑息息相关，而管理忧虑则在很大程度上取决于我们的关注点。尽管生活中有许多风险和威胁确实需要我们给予关注并回应，但当忧虑成为一种习惯，它的破坏性是巨大的。而媒体新闻的轮番轰炸可能强化了这种习惯。所以，当我们被电视、电脑甚至是我们的脑海里的各种信息不断地轰炸时，我们无法做到将其关闭，不受其扰。可生活还是有美丽、优雅和智慧的一面，只要我们将注意力放在这上面，就能使我们的身体状况和生活质量同时得到改善。

人类是唯一一种会给自己制造压力的生物。但事实上，大部分的压力以及随之而来的焦虑，都是不必要的。我们可以通过学习如何更好地运用我们的思维来纾解这些压力。

在这本书中，罗斯曼博士探讨并解决了现代生活中的一个关键性问题。他阐述了忧虑如何成为对人类来说弥足珍贵的心理功能，但同时，如果对忧虑不加以控制，人们就会陷于忧虑之中。他还向我们解释了如何运用意识区分有用的忧虑和无用的忧虑，如何把无用的忧虑转化为积极的想法和坚定的信念，如何从我们的"感性脑"中获取平静的智慧来提高创造力和解决问题的能力。

在我的第一本书《自然的心灵》（*The Natural Mind*）中，我描写了另一种截然不同的智慧，这种智慧产生于一个特殊的时代背景之下。20 世纪 60 年代末，许多年轻人尝试吸食毒品来寻找和表达他们的诉求，随之而来的是人们对冥想和东方哲学产生了强烈的兴趣。当许多社会观察家把精力放在研究药物滥用的真正危险时，他们没能注意到，这种行为背后反映出的是人类的一种思维方式，一种在现代西方文化中几乎销声匿迹的方式。这种更为全面、综合、直观、感性的思维方式，不仅扩展了我们的视野，还经常为我们提供用于有效应对生活中各种机遇与挑战的全新观点。罗斯曼博士在这本书中所教导的冥想和放松技巧，尤其是意象导引法，能够为我们提供一种挖掘直觉以及其他相关智慧的安全的方法，而不需要借助任何会改变心智的物质，无论是毒品还是其他药品。

马丁·罗斯曼是一位在现代心身医学领域取得卓越成就的领军人。通过他的著作、CD以及由他参与创建的专业培训学院，他已经教会了成百上千的医学专业人员和非医学专业人员运用他们的想象力来增强个人意识，从而能够进行自我疗愈来更好地享受生活。我在亚利桑那大学创建"整合医学奖学金"时，马丁是少数几位由我本人亲自邀请加入执行规划委员会的专家之一，他还和我共同建立了一个"用意象导引法进行自我疗愈"的教学项目，这是我专门为公众所做的自我关爱音频系列中的第一个。鉴于马丁在思维对健康和疾病的重要影响方面的专业性和权威性，我还邀请他参与编写我与唐纳德·艾布拉姆斯博士（Donald Abrams）共同编写的《肿瘤整合学》（*Integrative Oncology*）一书中的心身医学这一章的内容。他有一种天赋，能够让想象力迅速而有效地转化为创造力和治愈力。

如果你不能巧妙地运用你的想象力，它很可能会被你的恐惧所劫持，把你困在充满焦虑和压力的内心世界之中。这会让你自己养成罗斯曼博士所说的"消极忧虑"的习惯，就像是给你的心灵喂食垃圾食品。夺回对想象力的控制权能够让你运用创造力、智慧和动力来解决问题，从而安享生活。我很高兴能向你们推荐这样一位才华横溢的老师来教你们如何去做。

安德鲁·威尔（Andrew Weil）

哈佛大学医学博士

全球整合医学创始人

美国亚利桑那大学医学院整合医学专科主任

前　言

我是一名医生。我的使命与热忱就是治病救人，尽我所能地消除病痛，以及在患者无法治愈之时，尽可能地减轻他/她的痛苦。

在美国，忧虑是所有痛苦中最常见的一种。它是焦虑症和慢性压力的主要成因，常诱发暴饮暴食、酗酒、吸烟、药物滥用等问题。为了摆脱忧虑困扰，许多人还会采取其他强迫性措施，但常常无济于事。

焦虑是最令人不安的情绪之一，这多半是源于人们"消极忧虑"的习惯。其实，如果能将这种习惯转变成另一种思维模式的话，你会变得更加轻松自在，处事也会更有成效。不仅如此，你还会发现，大多数时候，你的担忧完全是杞人忧天。

这本书里，我会教你如何避免给自己和他人制造不必要的

痛苦，以及如何善用忧虑来让自己和心爱的人远离伤害。

这本书将教会你如何看清不同类型的忧虑，即哪些忧虑是你有计可施的，而哪些是你无计可施的，之后，再指导你如何运用潜藏在大脑中的智慧创造性地解决真实存在的问题。你还会学到各种行之有效的办法，让你从消极的忧虑状态切换到积极的心智模式。你将会告别那个整日惶恐不安的你，而转向迎接一个富有创意、勇敢、沉着、自信的自己。

如果忧虑避无可避——那就勇敢面对吧。现在，我们不妨先来学学如何善用忧虑。跟我来吧。

目　录

第 5 章

开启内在智慧　*97*

第 6 章

将"消极忧虑"转为"积极忧虑"　*117*

07 第7章

让积极忧虑发挥出更大的能量 155

解忧小铺
THE WORRY SOLUTION

10

第 10 章

塑造优秀品格 *235*

11

第 11 章

对待忧虑的态度 *261*

THE W ORRY SOLUTION

第 1 章

忧虑如影随形

> 我们的痛苦多源于想象，而非现实。
>
> ——塞涅卡

chapter **01**

第 1 章

忧虑如影随形

（扫码听练习）

解压意象练习

（参见本书 13 页至 14 页）

每个人都会忧虑，而在我们中间有许多人总是处于忧虑状态。当然，忧虑的确有益于生存，因为忧虑有助于人们提前避开危险，或是在危险降临时，能让我们更从容应对。地球上的所有物种，只有人类能有幸（抑或是不幸）被赋予想象并预测未来的能力，这种能力使人类成为了地球上最成功同时也是最备受困扰的物种。能够预测未来，也就意味着我们明白生命是有限的，也是脆弱的。现代人被称为智人，意思是"智慧的人"，但事实上，更准确地说，应该是"忧虑的人"。

正因为有了想象力，我们才能在脑中反复推演遇到的问题，以期尽快找到答案。解忧的过程就好比拆解一个线团，刚开始时纠缠交错，让人毫无头绪，但只要你耐心观察，慢慢就能找到线头所在，耐心拆解，即使有时卡住了，但转换角度后又能继续进行。只要你足够耐心，通常都能理出头绪。因此，在生活中，即使是最棘手的难题，有时也可以用这种"解线团"的方式来解决。

忧虑可以促使人们解决问题，这应该算是忧虑带给人们的

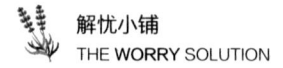

众多影响中最积极健康的。但同时，忧虑又能轻易地演变成为穷思竭虑，这时不论是那些让人恐惧、害怕抑或是一些烦人的问题都会让人感到无能为力。那么，人就会形成某种程度的自我暗示，这种忧虑也就演变成为一种自我挫败的行为，进而导致焦虑和压力的出现。

当然，如果你曾经做过前额叶切除术的话，那么你基本上不会有忧虑了。额叶切除术兴起于 20 世纪初，是神经外科临床上用于治疗精神疾病的一种较为极端的方法。除此之外，还存在其他一些治疗严重精神疾病的方法，比如胰岛素休克疗法、使用冷湿毯子的休克疗法，以及用疟疾来治疗精神疾病。这些残忍的做法都是为了减轻患者在"重启"大脑时由于精神错乱而承受的痛苦。

当时，操刀额叶切除术的医生会将冰锥穿进眼窝，前后不断搅动，然后将大脑中控制思考与感觉的部分之间的联系切断。可怕的是，这种手术还常在患者家中进行，甚至有时就在厨房的料理台上。手术成功之后，患者发生焦虑的情况就会大大减少，但同时也意味着他们丧失了情绪、规划能力和创造力。值得庆幸的是，现在这种手术已经不再被用于实际治疗当中了，这都是得益于抗焦虑药物、抗抑郁药物以及安定药物的发展，这些药物不仅能减轻患者症状，而且还不会对脑干造成实质性的损伤。

在治疗十分棘手的精神疾病时，药物甚至外科的介入治疗依然有它们存在的必要性。但如果仅仅是为了治疗忧虑，患者为此承担的风险就未免太大了。谈到这些，我主要想说明一下，改变大脑中思考与情感部分的关系确实能够减轻焦虑、压力和忧虑。然而，我们应该学会如何在不破坏大脑神经通路的前提下，让这种改变达到更好的效果。

尽管忧虑如影随形，我们能做的就是学会适当地减少一些忧虑。只有当我们运用大脑找到并增强我们所需的可以改变我们处境的特质或提升我们对待问题的接受度时，我们才能有效地减少忧虑。在这里，我将会教你如何运用思维与大脑（是的，这两者是有区别的）来让自己冷静下来，进而变得更加聪慧、勇敢、富有创造力，当然，还有其他能将忧虑转变为自信、高效的个人特质。

要实现这种转变，我们可以运用想象力来发掘隐藏在无意识情绪或直觉思维中的智慧，再使其与我们的逻辑思维相结合。忧虑，尤其是消极或者无用的忧虑，说到底无非就是一些疯狂的想象。如果我们巧妙地运用想象力，不仅可以减少不必要的忧虑，还可以帮助我们创造梦想中的未来，并指引我们渡过生命中的各种困难。

43 岁的梅兰妮是两个孩子的母亲。当她的丈夫保罗亲口告诉她，他打算离开这个家时，她惊呆了。但更让她怒不可遏的是，她发现丈夫在外面竟然还有另外一个女人，她当时几乎要被愤怒、难堪、恐惧和忧虑交杂的情绪击溃。尽管事情发生后，她的家人、朋友给了她很多支持，也给她出了许多主意，但其中大多数都是自相矛盾的。当时，她甚至几度想要结束自己的生命，很多时候，她觉得自己已经快要发疯了。但她明白，为了孩子，她必须坚强地活下去。幸运的是，她曾有过利用心理意象从无意识思维中获取洞见和指导的经历。因此，在这次的压力事件过程中，她先是抽出时间让自己放松下来，再从无意识思维中寻找能够帮助自己渡过这次艰难考验的意象。很快，一个意象出现在了她的脑海中：她自己划着一艘皮划艇正要穿过一条危险湍急的河流。

作为一名皮划艇专业运动员，她立刻明白了这个意象的含义，即接下来的路必须全靠自己的能力和毅力来走。同时，她也清楚，尽管这是一次对自我极限的挑战，但只要她全力以赴，就能成功地完成挑战。而且，她有预感，如果这次挑战能够成功，那么在将来的人生里，她就会拥有前所未有的深刻且清醒的意识。

这个意象陪伴她渡过了离婚过程中遇到的各种波折，并时刻提醒她，在遭遇变化时要保持平衡的心态。这个意象也暗示她，就像皮划艇比赛一样，一方面，她必须对前方可能遇到的困难与危险保持警惕，但另一方面，她又不能因此而一心只想着危险的降临。在划桨时，如果前方有大石块，眼睛不能一直只盯着石块看，因为那样很可能就会撞上，而是应该看着石块间的空隙，这样撞上的概率才会降低。所以，当你想要穿过湍急的河流时，把注意力集中在自己的路线上就好。梅兰妮明白，这样的原则也同样适用于生活。

因此，梅兰妮把注意力集中到达成自己的目标上，首先，她必须保护好自己和孩子，然后再重新拥有去爱的能力。后来，她真的做到了。她再婚了，很幸福，生活也变得越来越好。她常说，正是那个看似简单的意象让她一直相信自己有能力经受住压力并应对所有可能出现的挑战。这个意象就像是为梅兰妮量身定制的一样，充分地展现了她的感性脑所发挥的作用。在那段恐惧、忧虑、迷茫的日子里，这个意象给了她希望、指引以及未来生活的目标。这次的成功归根到底是梅兰妮理解并充分体会到意象的真正含义——一种能够传递理性和感性的心理语言。

想象力具有强大的心理功能，当然，想象力也是一把双刃剑。有时，想象力能帮助我们解决问题，而有时则会让我们感到惊恐万分。这取决于我们如何有效地运用它。如果当时梅兰妮没能深入了解她的恐惧和忧虑，她也许很快就会彻底崩溃。相反地，通过想象，她从自己的无意识思维中获得了鼓励和引导。

人类的想象力和思维本身一样，都存在于无形之中，这一点常被认为是理所当然的。而事实上，人类的想象力是地

球上最强大的力量之一。想象力帮助人类克服身为被捕食者的弱点，成为主宰这个星球的最重要的生物。正因为拥有了想象力，我们才能回顾过去并从过去的经历中吸取教训，才能在脑中预演未来，从而避免不必要的危险与问题。

所有的人造物，不论是摩天大楼、计算机、次级贷款，还是原子武器，都是人的想象实体化后的产物。事实上，想象力和意志力决定着我们到底是生存还是毁灭。但问题是，我们中的大多数人从来都不知道如何在生活中运用这个强大的工具。通常情况下，最先引起我们注意的往往是让我们感到恐惧的事情，因此未经过训练的想象力很容易把我们逼疯，或者让我们忧虑成疾。

★ ★ ★

认识恐惧

大脑最重要的功能是保护我们不受伤害，使我们存活下来，忧虑就与这个功能息息相关，这也是大脑会更倾向于关注那些消极和骇人听闻的信息的原因。虽然我们的大脑还有许多其他功能，但是各级脑层对所有的生存威胁都保持着高度的警惕。尽管在某种程度上，人类是最强大的生物，但骨子里，我们还是被捕食者。因此，出于安全考虑，我们总是小心翼翼地、相互依赖地生存。这就是为什么负责控制我们情绪的大脑会如此密切地监控着我们与家人、朋友还有伙伴之间的关系。一旦个人或社会幸福感受到威胁，不论是真实的还是想象中的，大脑中最古老、最原始的部分就会向我们的身体发出危险的警告信号，激活我们"战斗"或"逃跑"的反应。

这种保护性反应会激活我们在心理上、身体上以及情绪上的一系列连锁反应，这些反应都能够帮助我们即刻应对各种直接的生命威胁。但不幸的是，这种人体内保护性的应激反应只有通过直接的物理刺激才能激活。现代社会中，丛林捕食者带来的威胁已十分罕见。日常生活中，我们的压力和困扰通常来自于身边的人、挑战、责任和停不下来的忧思。有时，我们也会被来自外部世界的各种媒体所报道的一系列骇人听闻的消息所困扰，这些媒体这么做似乎是觉得经济得以复苏的关键是建立在公众对任何时间、任何地点发生过的或者将来可能发生的坏事都了如指掌的基础上。

人很容易感到恐惧不安。但是，如果放任恐惧在想象中不断发酵，则很可能引发并形成毫无用处的"消极忧虑"的习惯，让人长期处于紧张不安的状态。但好的一面是，正因为这种忧虑最初产生于大脑之中，在它还没有产生不利影响之前，我们可以利用我们的大脑来消除或者改善这种忧虑，从而使其对我们有益。从很大程度上来说，随之而来的消极忧虑、焦虑不安是有选择性的。你可以通过不同的方式，有目的地运用自己的想象力，这样你就可以快速地转变你的想法，并以健康的方式摆脱不必要的困苦。

★★★

想象力是把双刃剑

请跟我来做一个简单的实验，看看想象力到底是如何影响我们的感觉的。

首先，确保你自己身处在一个安全舒适的环境里，把眼睛闭上，将注意力集中到自己的身体上，感觉你的注意力就好像雷达或声纳波束在慢慢地上下扫描你的身体，留意身体的任何部位是否感觉到压力、紧张或不适。从 0 到 10 来给你身体的紧张程度打分，0 分说明完全不紧张，10 分说明紧张到极限。

打完分之后，现在开始想象你在森林里露营。半夜里，你想要去洗手间，所以，你随意拿了件衣服披上，拖着步子走了出去，因为你不想惊动其他人。外面漆黑一片，没有月光，所以你找了很久才找到一块平地，解了内急。解决完之后，你才慢慢注意到四周真的很黑，所以你小心翼翼地朝营地方向走，手不断向前摸索着，免得自己撞到障碍物。但是，你还是不小心被树墩和石块绊倒，并被一旁的枝桠划了几道口子。不一会儿，你觉得自己好像走过头了，可能已经错过了营地。这时，四周又黑又冷，你开始感到些许不安。

所以，你马上掉转方向，又走了一会儿，这时你意识到自己迷路了。你开始轻轻地叫了几声，没有人回答，然后你开始大叫，还是没有任何回应。夜越来越深，天也越来越冷，你觉得十分孤独无助。就在你不知所措的时候，森林突然变得异常的安静。

这时，你听到附近草丛里有声响，好像有什么东西正朝你走来，听起来像是大型动物。

现在，暂停一下，重新扫描一下自己。再次从 0 到 10 来打分，你现在的紧张程度达到几分？

好，我们继续。想象一下，这时，草丛里传来了树枝被折断的响声以及朋友们呼喊着你名字的声音。于是你知道不是熊，你安全了。这时留意一下，你的紧张感立即消失了吗？还是仍心有余悸呢？

刚才吓到你了吧？很抱歉。但重点是，如果刚才你感到紧张不安，说明你的想象力很丰富。通过这个实验，你可能也发现了，想象力和身体之间的关系竟然是如此紧密。我保证，这

本书里面不会再有其他吓人的练习了，你可以放心地做接下来的练习了。刚才那个实验的目的，只是用来说明想象力如何引起身体和心理的变化。

既然你已经了解意象能够让人产生恐惧，那么我们现在来看看该如何运用意象来放松自己，这才是意象于人有益并且愉悦身心的功能。

下面教大家一个最简单的放松方法。首先，你可以选择自己阅读意象导引法的内容，然后把注意力集中到脑中的意象上。当然，如果有别人帮你把内容慢慢朗读一遍的话，效果当然会更好。因为，这样你就有足够的时间从字里行间去想象听到的那些事物。你还可以选择播放录音的方式，边听边放松。

★★★

解压意象练习

首先，把电话接入答录机，或者把手机转到语音信箱，并且关掉铃声，告知家人，如果没有真正紧急的事件，那么在接下来的 12 到 15 分钟的时间里不要打扰你。不要穿过于紧身的衣服或佩戴珠宝首饰，选择坐式、斜倚式或任何能让你感到舒服自在的姿势。接下来，在你把注意力集中到我提出的建议上时，请不要让任何来自外界的无关的声音影响到你的注意力。

再次花点时间扫描一下你的身体，然后评估一下身体的紧张程度是多少，从 0 到 10 来打分，0 分说明完全不紧张，10 分说明紧张到极限。

解压意象

首先，深呼吸 1 到 2 次，然后，慢慢呼气，感觉把体内的废气完全吐出。身体要完全放松，感觉轻得像棉花糖一样。当一切准备就绪之后，开始回想一个生命中曾经让你感觉安全、放松、宁静的地方。如果你一时想不出来，可以选择一个曾经在电影或杂志上出现过的地方，或者你还可以临时想一个。

总的来说，就是开始幻想自己身处一个美丽、宁静的地方……开始认真观察这里的一切……颜色、形状、以及你所见到的一切。不要在乎你看到的景象是否生动，你只需要认真观察周围的一切并且接受这种想象的方式。同时，你还要留意你在这里是否听到了些什么，还是说这里本来就是寂静无声的。还有，你留意一下空气中是否散发出香味或者有其他特别的气味？也许你不一定能发现什么，但没有关系，你要做的就是留心观察这个美丽的地方。你能分辨出你所在的地方是什么时间吗？是白天还是夜晚呢？你能分辨出是什么季节吗？温度如何？

注意观察，当你身处这个安全、美丽、宁静的地方时，你有什么感觉？你的身体感觉如何？你的面部呢？留意一下自己是否感到舒适、平静、放松。花一点时间来探索并找到一个让你觉得最轻松自在的地方，然后让自己完全放松下来。接下来的几分钟，你什么也不需要做，只需要享受这种放松的过程。如果你觉得很好，你可以尽情地沉浸在这种恬静的氛围当中，让自己感到越来越放松，自在地享受这里带给你的平静。

接下来，只要你愿意，你就可以停下来让脑中的意象消失，慢慢回到现实中来，并且你也可以随时重温这种平静的感觉。当你完全回到现实中时，慢慢睁开眼睛，环顾四周，再回想一下那些让你觉得有趣或重要的东西，包括那种平静的感觉。

★★★

回顾你的解压意象练习

留意一下，当你回到现实后，感觉如何？花一点时间再次扫描一下你的身体。从 0 到 10 来打分，身体的紧张程度有几分呢？进行完这个简单的意象之后，大部分人会感觉更加平静和放松。如果你也是的话，你会发现，只要集中注意力想象那些在自己的所见、所闻、所感或者所嗅中令自己感到愉悦的东西，你就能很容易地切换到这种状态。

当大脑发出安全和放松的信号时，你的身体就会做出相应的反应。

★ ★ ★

忧虑、焦虑、压力三者的关系

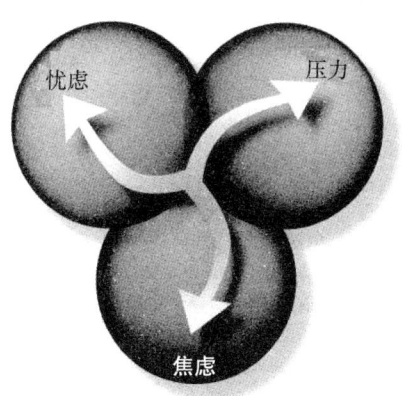

图 1-1　忧虑、焦虑和压力是一样的吗

因为忧虑、焦虑和压力三者之间有着错综复杂的内在联系，人们常常会混淆它们的概念，认为它们是一样的。而事实上，这三者之间是存在差异的。因此，要了解如何使用书中的解忧模型，首先应该对三者的区别了然于心。

忧虑是一种思维方式，会让我们在脑中反复推演那些棘手的难题。忧虑能帮助我们从不同的视角审视问题，并最终找到那些不那么显而易见的解决方法。这种忧虑被称为"积极忧虑"。但不幸的是，忧虑也可能演变成为一种破坏性的精神疾病，不断地进行消极的自我暗示，最终形成压力并诱发慢性焦虑和抑郁。忧虑存在于大脑中负责思考的部分，在前额后面，前额叶皮质的特定区域内，是人类大脑独有的。

焦虑则是一种因恐惧或害怕而感到不适的情绪，就像是"天哪，肯定有什么糟糕的事情要发生了"的感觉。它存在于大脑边缘系统，是人脑中较早进化的，主要负责情绪和直觉。一个人是否容易焦虑取决于基因、早年的家庭生活、性别以及人生经历。女性比男性更容易焦虑。经历过创伤的人，尤其是年轻时受过创伤的人，比那些没有创伤经历的人更容易焦虑，因为他们的大脑边缘系统更敏感。

压力是人在遇到危险时产生的一种生理反应，其作用是为人们在险境中求生做好准备，也是激活大脑中最原始的部分时瞬间产生的无意识反应，这个部分我们称之为"爬虫脑"。当爬虫脑接收到环境中或更高级的大脑中枢神经系统发出的危险信号时，它就会瞬间向身体发出警告，并产生应激反应，将身体直接切换到准备战斗或逃跑的状态。

对于人类的祖先来说，常见的危险就是受到捕食者或敌人的攻击，结果无非就是战胜攻击者并成功逃脱，或者是被捕杀。如果能成功逃脱，他们就会回到洞穴里，向别人讲述刚才的危险经历，然后可能会睡上一两天来恢复自己在紧张的求生过程中所消耗掉的体力。醒来之后，他们又会在大家围坐在篝火旁时，不断地讲述自己的故事，分享经验，一段时间之后，听众们就会因过度疲惫而睡去。

★ ★ ★

你的想象力失控了吗

生活在现代社会，人类要承受的压力与在野外生存时是完全不同的。这并不是说野外生存没什么可担忧的，而是对于生活在较发达世界的我们来说，压力主要来自于内心，而不是外界环境。压力的产生更多时候与我们的想法有关，而不是事件本身。幸运的是，现在我们已经几乎很少有机会遇到那些想吃掉或伤害我们肉身的动物或人了。但是快节奏的现代生活，却给我们制造了人类生存史上前所未有的挑战——现在的我们每天都要过滤并应对大量具有潜在威胁的信息。

加利福尼亚大学圣地亚哥分校最新的一项研究表明，2008年，美国民众接收的信息总量达到了36万亿亿字节，这相当于用7英尺高的小说堆积起来覆盖包括阿拉斯加在内的全部美国领土。美国民众一般每天平均花费近12小时从电视、互联网、广播、电影、电脑游戏以及纸质媒体上获取信息。20世纪之前，人类一生所需要处理的信息都不及现在人们信息处理量的一小部分。我们需要对信息进行分类，区分重要与琐碎的内容，并最终决定是否需要处理这些信息。

但是，更让人疲惫不堪的是我们每天接触到的大部分新闻节目、纪录片、电影、邮件，甚至广告里面常带有许多令人担忧、害怕以及难以预料的内容，出于恐惧，人们会更关注负面新闻，会更愿意花时间娱乐放松，我们会购买各种产品，从保险到家居清洁用品再到药品等，因为大脑对那些让人恐惧的信息很难做到视而不见。我们生来就会关注那些对我们产生威胁的信息，如此我们才能保护自己。如果我们走在丛林里，对草丛中传来的瑟瑟声响没有保持高度警惕，那么我们可能很快就会成为饥饿的捕食者的午餐。

在野外，我们有理由时刻警惕潜在的危险信号，但生活在

这个浮躁的社会里，面对媒体不断传播的骇人听闻的消息，我
们需要采取不同的心理策略。我们必须要"升级软件"来应对
每天接收到的各种危险信号，然后辨别其中大量的无关信息。
假如现在我们进行一个更适合过去时代的精神疗法，我们得到
的会是焦虑或应激反应，这会让大脑很难放松下来，也很难使
其恢复、重新开始并消除之前的影响。恐惧、信息过载、应激
激素、咖啡因、他人焦虑情绪的感染，这些都容易导致想象力
失控，一旦发生，会导致白天情绪紧张，到了夜晚，这种紧张
感并不会消失，会持续存在，进而影响睡眠。睡眠不足导致的
用脑过度会让人疲惫不堪。最终的结果就是，忧虑、焦虑和压
力蔓延传播。

★ ★ ★

忧虑的代价

据粗略估计，有 50% ~75% 的美国男性和女性由于压力
或不安的情绪而去接受初级治疗。科学表明，无法排解的压力
极有可能诱发心脏病、中风、高血压、自身免疫疾病、纤维肌
痛、慢性疼痛综合征、肠道易激综合征、失眠、哮喘，以及其

他许多疾病。为了管理压力，美国人进行了许多不当的且无效的尝试，这也让美国成为世界上药品依赖最强的国家，伴随产生的是肥胖症、酗酒以及对除了大量日常使用的处方药与非处方药以外的药物成瘾的现象。

超过20%的美国人（约6 000万人）被诊断出了焦虑紊乱，这包括一般意义上的焦虑症、恐慌症、广场恐惧症、特殊恐惧症、创伤后应激障碍和强迫症。女性发生的概率比男性高2~3倍。另外还有6 000万~1亿人受到有害习惯或上瘾症的困扰，包括酗酒、吸烟、药物成瘾以及食欲紊乱等。而且，几乎每个人都仅仅因为未知的变化而变得紧张不安，因此，许多人都急切地想要寻找放松的方法。

✦ ✦ ✦

为什么女性更容易忧虑

相比男性，女性更容易因林林总总的事情而焦虑，尤其是在成为母亲之后更是如此。女性通常比男性身高矮、体重较轻，相对处于弱势，儿童更是如此。因此，女性的警惕性会比男性更高，这不仅有利于女性自身，也有利于保护她们的后代

（这也是种族延续的基础）。雌性激素让女性的大脑对威胁和危险信号更加敏感。女性的扁桃体、扣带回前部以及大脑中许多与恐惧、愤怒、情绪事件分析紧密相关的区域都比普通男性的大好几倍。

幸运的是，因为女性的大脑更多用于进行情感认识、分析与表达，所以女性的情商较高、直觉更强。但因为我们的文化和社会对情商和直觉并没有足够的重视，所以，女性的这种能力也就没有得到有效的发挥。

无论你是男性还是女性，这本书都能教你如何运用这种特殊的能力，使其与一般人更为重视的理性思维有效地结合起来。

★★★

我们能够改变忧虑吗

许多化学药品，无论是天然的还是人造的（包括咖啡因、酒精、尼古丁、镇静剂、抗抑郁药、氨基酸以及草药）都会增加或降低人的焦虑倾向。好消息是，尤其是对于那些想要避免或不能接受化学药品的人来说，学会转换思维也能够减少焦虑和压力。因此，并非只有化学药品会影响焦虑，敏锐的思维同样也会。改变大脑中思维和感觉部分之间交流的状态，将大大缓解忧虑和焦虑情绪，并且有效的放松方式也能够明显降低人脑对压力的应激水平。

不仅如此，在过去的 20 年间，我们在大脑功能研究领域取得了前所未有的进步，这主要得益于单光子发射计算机断层成像术（SPECT）以及核磁共振成像技术（fMRI）的发展让我们能够实时观察大脑的活动。我们可以观察到，大脑中相关部位会在我们要执行不同任务甚至是思考如何执行这些任务时被激活；当人们想要运动时，大脑中负责控制运动的区域就会被激活；当人们想要放松时，大脑中负责支持放松的部位就会被激活。更重要的是，我们发现，大脑是不断变化的，并且，人们在任何年纪都可以让大脑接受新的模式和通路。这种现象被称为"神经可塑性"。我们发现，即便是老年人也能学会新技能。当我们学习新技能时，大脑会随着我们的心理一起变化。

脑科学家们解释说，只要有足够的信息被传达到大脑中负责图像处理的区域，先天失明的人就能发挥想象力，哪怕在不熟悉的房间里也可以自由走动，不会撞到障碍物。如果盲人能学会看，那么忧虑的人也能学会放松，这也正是我写这本书的初衷。

* * *

为什么大多数的忧虑是可以选择的

幸运的是，产生这些变化的关键藏在我们的耳朵里。在所有情绪输入中，恐惧通常是最先引起人注意的。但是，除了恐惧之外，大脑皮层的"思维帽"还为我们提供了另一种选择，也就是，我们能够运用较高级的脑中枢来保护更为本能、无意识的、较低级的脑中枢，使其保持冷静、消除疑虑，并从某种程度上重置大脑活动。我们可以学会慢慢放松、转移注意力、重新评估我们的思维模式，进而创造出更优良的思维方式，从根本上来说，就是我们可以学会少一点忧虑，并使其转为积极忧虑。

我们中的大多数人都没有学过如何有效或更好地运用自己的想象力。我们常常陷入一种困境——无端地忧虑、习惯性忧虑以及无用地忧虑。但这并不代表我们没有什么可忧虑的，只是有些忧虑是没有必要的。现在是人类历史上一个十分关键的时期，我们会面临许多来自个人、社会和全球的挑战，因此，当务之急是要全面开发我们大脑的潜力，而不是将有限的精力浪费在无益的忧虑上。

大部分的忧虑、焦虑和压力的产生与想象力密不可分，因为其所依赖的心理官能是一致的。不仅如此，这种心理官能还可以让人摆脱无尽的忧虑。因为当人有意识时，能够观察、选择并且改变自己的想法。如果想法改变了，大脑也会随之改变。

如果你需要的话，你可以学会减少忧虑并且去有效地利用忧虑。当你学会"善用忧虑"时，你会发现自己更快乐、更轻松。

THE $\mathscr{W}$ ORRY SOLUTION

第 2 章

善用忧虑

人类应当了解，因为有了大脑，我们才有了快乐、欣喜、欢笑和运动，才有了悲痛、哀伤、绝望和无尽的忧思。

——希波克拉底

我来自一个知虑善用的家庭，你可能也是。我们的祖辈们都可能曾为生存和繁衍后代而忧虑过，但他们的忧虑恰到好处。我们面临着与他们不同的挑战，因为现在的我们随时随地都能接触到大量骇人听闻的信息，所以我们必须比他们更懂得知虑善用，否则我们将陷入无尽的焦虑中不能自拔。

这个方法将帮助你摆脱许多不必要的忧虑和压力的困扰。接下来我会教你五个基本技巧，如果你能完成的话，我保证，你的忧虑会减少，并且在忧虑真的发生时，你也能有效地解决问题。你还将学会如何依靠自己的聪明才智来应对生活中的挑战，而不是将精力浪费在忧虑那些让你无能为力的事情上。

在随后的章节里，我会教你如何区分不同类型的忧虑，让你分清哪些忧虑是你有计可施的，哪些是你无计可施的，并学会如何运用理性、感性以及直觉来分别应对各种忧虑。纾解忧虑的"秘诀"是学会使用意象。意象是指存在于人脑中许多区域的自然语言，而这些语言的真正价值常常被我们忽视或低估。基于意象的思维方式能调动起人类的情绪／直觉，使之与

我们常用的理性思考相结合。尽管想象力是人类最强大的心智功能之一，但我们中的大多数人却没能好好学会如何巧妙地使用它。

人类具有世界上其他生物所没有的独特想象力。正因为有了想象力，我们才能够回顾过去，勾画未来，让我们从错误中汲取教训；正因为有了想象力，我们才能够不拘泥于时间与空间；正因为有了想象力，我们才能够更形象地表达思想与情感，并发挥创造力。当然，我们大多数的忧虑也来自于想象力，所以如果想象力失控，就容易诱发焦虑和压力。

幸运的是，近年来脑科学的各种发现、临床研究以及悠久的传统都表明，我们能够学会运用想象力以及相关的大脑神经通路来让忧虑和压力转变为平静、好奇心以及创造力。我们能够学会通过重置大脑的唤醒水平、激发创造力来解决问题，并学会从感性脑中获取智慧。当我们学会用新的方法来使用大脑，我们会因为成功地应对了人生挑战而充满自信。

＊ ＊ ＊

思维可以改变，大脑也可以吗

现在，我们可以利用包括功能磁共振成像、正电子发射断层扫描（PET scanning）、脑电图（EEG brain mapping）等在内的多种医疗诊断工具来实时观察人们在忧虑、预见问题、焦虑以及紧张时人脑不同区域的变化。通过这些研究，我们能够了解忧虑、压力和焦虑如何在人脑中紧密联系在一起，同时还能知晓特殊的思考方式是如何避免或者缓解这些令人不安的困境的。

近年来，一项最重要的发现就是，无论年纪多大，大脑是否受过严重的损伤或是畸形，人们都可以改变自己的思维和大脑。例如，中风多年之后，患者通过镜像接受新的刺激后，由于脑损伤导致瘫痪的四肢会慢慢恢复。有强迫症的人可以学习新的思考方式来改变大脑的化学成分及结构。研究人员甚至可以将镜头中的图像输入转化为在盲人的背上或舌头上的电子信号，为他们恢复视力。神经可塑性是伴随我们一生的能力。

正如我之前所说的，如果盲人能学会看，那么忧虑紧张的人也能学会放松。就此而言，八周大的幼犬能够经由训练学会不在室内便溺，我们也能学会用新的方式来思考、感受并采取行动。

✦ ✦ ✦

如何纾解忧虑

这是一套使用大脑纾解忧虑的完整的方法，包括基本原理、结构以及一系列可立即付诸于实际使用的技能与实践。

实践的第一步，要将忧虑分为不同类型，分清哪些忧虑是你有计可施的，而哪些是你无计可施的。然后你将学习如何提高自己的创造力以及解决问题的能力，以便在遇到有计可施的烦恼时，你能够更有效地解决；而在遭遇无计可施的烦恼时，可以运用其他方法来帮助你接受和应对。如果你无法确定哪些忧虑是可以解决的，那么我将引导你去发掘自己那些从未被发现的潜力。

也许你会觉得这个过程在本质上与众所周知的"静思祷告"极其相似："愿上帝赐予我宁静去接受我无法改变的；请赐予我勇气，去改变我能改变的；请赐予我智慧，让我辨清两者。"静思祷告包含 12 个步骤的疗愈过程，是一种古老的祷文。它最早出现在古罗马的文献当中，而它再次出现在人们视野中并流行起来，主要得益于一位神学家雷茵霍尔德·尼布尔（Reinhold Niebuhr）。第二次世界大战期间，他将祷文印在卡片上，分发给美军士兵。如果你并非宗教信仰者，请直接忽略"上帝"这两个字，而仅仅将其作为应对忧虑的方法即可。

当面对让你忧心如焚的情况时，你只有两种选择：改变现状或改变你的反应。当然，还有第三种选择，就是继续忧虑下去，但如果这种方法行得通的话，你也不会来读这本书了。

静思祷告为我们提供了分清忧虑的结构，而具体的意象导引练习则通过提升你的脑力来增强你改变自己和现状的能力，以及理性区分忧虑的能力。

智慧是随着年龄与阅历的增加而增长，你也许会认为自己不可能突然之间变得更聪明。但我要告诉你的是，当你忧虑、焦虑或紧张时，你大概无法发挥你原有的聪明才智。在放松状态下使用意象导引法，能常常让你在短时间内接通你内在的智慧。

48 岁的艾米是三个孩子的母亲，因为无法很好地应对生活的各种压力，她常常感觉自己快要崩溃了。她的孩子以及孩子们的各种活动占去了她大部分的时间。她的母亲，年近八旬，住在几千英里之外，如今出现了痴呆症的迹象，而住在母亲家附近的哥哥姐姐认为母亲应该搬离老房子，住到无障碍住宅里去。艾米的母亲很矛盾、也很痛苦。艾米打算每隔两周乘坐红眼航班去看她，和她待上两三天，但这让她疲惫不堪，同时也感到很茫然。

在与我交流的过程中，艾米说："真的没有什么好的解决

办法——无论我做什么，我都觉得很愧疚。我想尽可能为妈妈做点事情，但我却不知道我能做什么，不能做什么。孩子们占去了我几乎全部的时间，我和丈夫根本没有时间单独相处。每天晚上我要熬夜才能把事情都做完，根本不能一觉睡到天亮。我的情绪也很不稳定。我不知道这样的生活还会持续多久？每天的生活就像是折磨，我觉得我快爆炸了。"

我建议她跟着我来做一次意象导引练习。在引导她进入放松状态之后，我让她开始想象自己身处在一个安全舒适的环境里，然后从无意识思维中找寻一个让她感到最明智、最亲切的意象。她想象自己在一个湖边，小时候她曾经和家人一起在那里度假。她坐在码头，阳光暖暖地洒在脸上，她静静地看着美丽平静的湖面。

当她在精神上需要一个睿智的人陪伴时，母亲的形象立即出现在她的想象中，她的母亲还像当初在湖边度假时那么年轻。母亲很平静慈爱地看着她，手里提着一篮刚采摘的黑莓。当她想象到母亲搂着她一起吃着甜甜的黑莓时，她大哭了起来。我鼓励她告诉想象中的母亲自己的烦恼和感受。泪水悄然滑落，等她说完，我又让她想象母亲会如何回应她。在她的想象中，母亲搂着她，告诉她事情看起来比过去复杂很多，是因为现在有太多的选择。母亲还告诉她，在过去，对她们那一代人来说，这些问题也同样存在，让人疲于应对，但是人总会变老，作为家人，我们的责任就是照顾他们，没有其他选择。过去，孩子们要做的就是完成作业之后到街上和朋友们一起玩耍。过去的人们有更多的时间去思考、去感受，他们的社交生活也更从容。

艾米听着母亲的话，她发现自己真的被生活压得喘不过气了，行程满满的会议、亲子活动、匆忙地看望母亲、快速地做决定以及没完没了的待办事项快要将她拖垮了。她明白，对于母亲的老去，她无能为力，但她能做的就是让母亲享受有她陪伴的时光。同时，她也意识到，她有必要让孩子们懂得一个道理，那就是无论发生什么事，家人之间都要互相照顾。当她想象自己和孩子们讨论这个问题时，孩子们都表示理解并给予正面回应。

三周之后，我再次见到艾米时，我发现她比之前放松了许多。她已经跟丈夫还有孩子们讨论过，大家都一致认为日程安排过于紧密，也都同意调整各自的安排，尽量预留一些家庭活动时间。艾米和丈夫每周都安排一个晚上约会，他们已经好多年没有约会过了。

艾米告诉我，正是意象导引过程让她意识到，重要的家庭决策不能因为原本过于紧凑的安排而搁置，尤其是与她母亲有关的决策。于是她给哥哥姐姐打电话，大家都同意到小时候度假的湖边租一个小屋，带上所有的家人和他们的母亲一起住上10 天，让母亲看到孩子们对她的感激之情。在轻松自在的氛

围里，他们一起探讨如何为将来做出最好的安排。

艾米明白，这次的旅程会令人情绪激动，但她说："至少我们是共同面对这件事情，尽管我们改变不了未来，但我们能改变应对未来的方法。"

艾米运用意象让自己放松下来，她才能有机会与智慧、慈爱的母亲对话，讨论这个重要而又困难的问题。借助意象导引，艾米的情商在解决这个让家中三代人产生重大分歧的问题上起了关键作用。在处理关于母亲的安置问题时，她所学到的方法帮助她做出了最合适的决定，也帮助她更好地接受她无法改变的事实。她的内在智慧提醒她，在面对生活中的困难时，轻松的家庭氛围是弥足珍贵的。

从艾米开始转换视角、发动内在智慧来找寻答案，一直到获得这个使她的生活质量提高的领悟，前后只用了不到20分钟。其实，我们常常不知道或不记得我们拥有这样的内在智慧，尤其是在我们焦虑的时候。

艾米的例子告诉我们，当我们紧张时，我们很难调动自身的内在智慧，而意象则能有效地帮助我们改变思维方式，并与我们的内在智慧连接。因为意象是人脑中不同于文字和数字的一种语言，它可以打开人脑中被我们忽略的信息渠道和视角。放松状态与意象导引法能帮助我们快速转变心境，使我们变得比自己想象的更加聪慧。

但是，无论我们有多聪明，还是有很多忧虑和压力是我们不能解决的。正如瑞士心理学家卡尔·荣格（Carl Jung）所说："尽管生活中大多数的烦恼都是无法解决的，但生活还要继续。"对于那些我们必须接受并经历的苦难，意象能让我们恢复冷静、宁静、镇定，有幽默感和慈悲之心，从而让我们更容易接受或忍受这些烦恼。

✱ ✱ ✱

计算机与解忧模型

我有幸与著名心理学家丹尼尔·亚蒙博士（Daniel Amen）共同在一场有关大脑／思维的研讨会上做讲座，亚蒙博士倡导利用脑扫描技术进行诊断并治疗焦虑症、抑郁症、注意力缺陷障碍（ADD）以及其他心理与情绪障碍。他的许多著作对于饱受这些问题困扰的人来说都是无价之宝，对于我们这些想要减少忧虑的人来说同样如此。当我和他一起探讨这个话题时，亚蒙博士说："我讲授的'是硬件'，你讲授的是'软件'，二者同样重要。"

如果我们将大脑比喻成硬件的话，那么思维就是意识的软件。使用意象就像是给一台旧电脑增加 1 000 倍的内存，让它升级成连接到互联网并能快速处理信息的操作系统。因为意象是大部分无意识思维的自然编码语言，代表着大脑中大多数不活跃的区域，所以，意象为我们在原有的智力水平上增加了全新的信息、解决问题的能力以及情商，同时也让我们从大脑中获得更多资源，并帮助我们快速提高我们成功应对忧虑和压力的能力。

下图 2-1 展示的就是解忧模型。首先，分清忧虑的类型，用现有的能力来解决它们，然后利用感性脑中蕴藏的智慧，以此来释放情绪，或有效地进行必要的改变。

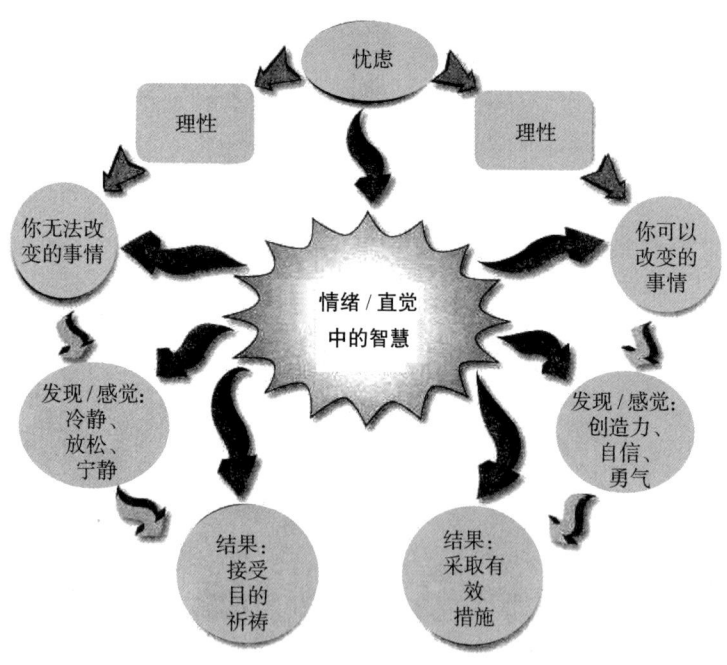

图 2-1　解忧模型

现在你已经对整个结构有所了解了，那么你可以开始付诸实践了，因为实践才能让你真正获益。

在你开始之前，你可能想要在日记或日志中记录整个过程，这会有助于你清楚地掌握整个进程以及在这一过程中的收获。你可以记下你的目标、经历、洞见、成功、挑战以及在方法运用中遇到的问题，然后定期查看你的进度，最好也将其他你认为有用的资源记录下来。你还可以记下自己已经有所积极改变的地方以及有待改善的地方。像这样的日记或日志是很好的学习工具。在你学习如何善用忧虑的整个过程中，你可以增加它的趣味性并把它放在身边。

THE **W** ORRY SOLUTION

第 3 章

如何镇定自若

> 焦虑是自由所导致的眩晕。
>
> ——索伦·克尔凯郭尔

chapter 03

第 3 章

如何镇定自若

（扫码听练习）

腹式呼吸练习

（参见本书 53 页至 55 页）

（扫码听练习）

冥想的三个秘诀

（参见本书 61 页至 68 页）

现代生活中，压力随处可见。当接触到任何可能危及生命的想法或事件时，人的身体就会产生相应的生理反应，也就是我们所说的"应激反应"——旦大脑发出警告信号，身体就会启动相应的防御准备机制。但是，因为现在已经很少有能够直接威胁到我们的生命和健康的事物，所以，经由神经系统传输到身体各处的警告信号大部分都是由我们自己的想法和忧虑、或是其他人的恐惧和忧虑引起的。面对着现代社会中五花八门的媒体，我们对世界各地已经发生或可能发生的各种灾难了如指掌。我们处理如此庞大的信息流的能力在很大程度上与我们身处压力状态的时间长短有关。

生活中处处充满压力，尤其是对于那些常忧虑的人。自寻烦恼的人会反复思考那些无法解决的问题，从而激发身体的应激反应。当我们处于被激发后的高度紧张状态时，情绪脑就会被激发，进而刺激思考脑去更努力地思考如何解决我们的忧虑。这样就形成了一个恶性循环，使得大脑的基本活动超过了正常水平，并让人的警戒、恐惧、紧张和焦虑的情绪不断地滋

生。长期下来，这种精神状态容易过度耗损我们的精力、应变能力，甚至我们的自信心。

一段时间以来，作为影响身体健康的一个重要的决定性因素，压力成为许多医疗研究的对象。20 世纪 30 年代，哈佛生理学家沃尔特·坎农（Walter Cannon）首次提出"战斗或逃跑"反应。之后不久，麦吉尔大学的汉斯·薛利博士（Hans Seyle）对长期应激反应的影响进行了研究。他发现，在经受长期的压力状态之下，动物的身体会出现一些特别的症状：胃溃疡；由于肾上腺素激增，它们的肾上腺会比平时大上 3 ~ 4 倍；淋巴结以及其他产生免疫细胞的组织会衰竭。

薛利博士注意到，在长期压力下，身体最开始产生一种典型的"战斗或逃跑"反应，接着会进入"阻抗阶段"，处于这个阶段时，动物（或人类）能够很好地应对持续的压力。但是，如果压力没能得到缓解，身体就会进入衰竭阶段，最终导致机体崩溃。这种情况在初级医疗门诊十分常见。

据估计，有 50% ~75% 的人是由于压力直接引起的症状及病症去接受初级治疗。长期的压力不仅会诱发焦虑、抑郁、失眠等症状，还会引起头疼、颈部和背部疼痛、消化不良、肠道易激综合征、高血压、心悸、呼吸困难以及其他各种症状。可以这么说，几乎所有的疾病都与压力有关，有些是压力直接诱发的、有些是因压力而加重的、有些则本身就是压力。初级医疗的医生大多数时候都在寻找在压力诱发的征兆中是否还隐藏了其他疾病。

继薛利博士之后,许多研究者进行了大量有关压力对心理健康、身体健康以及生活质量影响的研究。尽管我们已经清楚压力会诱发许多症状和疾病,但更重要的是我们应该要了解:如何管理我们的压力。

健康有效的压力管理方式,包括体育锻炼、与家人朋友或者专业咨询人士沟通交流、度假、培养兴趣爱好、冥想、解决问题以及练习我所教授的放松方法。尽管酗酒、暴饮暴食、吸烟、滥用处方药或消遣性毒品能在短时间内缓解压力,但长久下来对身体危害巨大。这些方法最终都会毫无裨益,因为这些方法都是治标不治本,并不能真正缓解压力或让我们有效应对压力,甚至最后还会带来反作用,危害我们的身体健康,更重要的是,它们也不能教会我们如何应对压力。

★★★

学会面对是关键

并非所有经历过同样压力挑战的人,都会生病或出现忧

虑或焦虑。来自加利福尼亚大学伯克利分校的心理学家理查德·拉扎勒斯（Richard Lazarus）以及他的同事旧金山分校的心理学家苏珊·福克曼（Susan Folkman），最先将研究重点从压力本身转到如何应对压力上，他们将应对压力定义为"为完成让人绞尽脑汁或超出自身能力范围的要求所付出的努力"。

在对压力的理解上，拉扎勒斯博士和福克曼博士的主要贡献之一就是，提出了对处境以及自身能力的评估能够缓解或放大压力产生的影响。那些充满压力的挑战带来的影响，不仅仅取决于挑战本身的结果，更多取决于我们的应对态度。

20世纪80年代早期，由于监管法律的改变，世界上最大的公司美国电话电报公司（AT&T）解体。成千上万的人突然之间失业或对未来感到迷茫。在这次事件爆发后的一年时间里，失去工作的执行官中有百分之七的人过世，还有很多人因为压力过大而患病。

芝加哥大学的心理学家苏珊娜·科巴萨（Suzanne Kobasa）在研究这种不受人类控制的压力实验时注意到，有一些执行官在公司解体时或之后会更加成功而不是被压力击倒。根据这些人的特征，她提出了著名的3C理论：挑战（Challenge）、控制（Control）和承诺（Commitment）。当面临巨大挑战时，这些"抗压达人"会认真对待自己面临的挑战，他们认为自己有能力控制将要发生在自己身上的事，他们也承诺不管是为自己还是为别人，自己都会全力以赴。正因为有这样的态度和反应，在面对压力时，他们的身体才不会出现不良症状。尽管这也许并不是唯一成功应对压力的机制，但它却说明了，我们如何应对压力会给我们带来极大的不同。

虽然大家学会的应对策略不是每次都能够奏效但重要的是，我们能够通过不断地学习来学会善用忧虑，成为"抗压达人"。

★ ★ ★

掌握解忧的"工具"

首先，我会教你五个心理技巧，这些技巧能帮助你摆脱无用的忧虑，并且让你学会在解决问题时如何高效地利用忧虑。你会发现，每个技巧的优点和其带来的益处各不相同。当你掌握了这些技巧之后，你会拥有一整套能够改善你生活的心理情感工具，它能将你从自寻烦恼的人改造成"忧虑战士"。

假如我要教你如何改造一所房子，你首先需要具备一些基本的木工技能，以及了解如何使用一些工具，例如卷尺、锤

子、锯子和水平仪。但是，其实你开工的时候，并不会同时使用测量、切割以及敲钉的工具。你需要做的是根据实际需要找到相应的工具。

这样的方法也同样适用于在善用忧虑的过程中。首先，你要学会并掌握各项技能，了解应在何时以及如何使用它们。通过实践，你很快就能学会如何在不同情况下同时或分别使用这些技能。

纾解忧虑需要全脑的参与。意象导引过程不仅涉及传统的思维方式，还需要动用情绪和直觉思维。阅读这本书并尝试意象导引法，将有助于你的大脑思维和感觉能更好地协调配合。

使用意象导引法的最佳步骤是听录音或者别人的朗读，闭上眼睛，让自己沉浸在意象当中。这本书里面有许多意象导引法的练习，你可以自己播放录音，或者请人帮你朗读。

✻ ✻ ✻

放松身体与平复思绪

如果你想学会善用忧虑，首先应学会让自己冷静下来，同时让自己的身体和心灵得到深度放松。

首先，生理上的放松是很重要的，原因也是多方面的。当我们忧虑时，大脑和身体会随时处于备战状态，这种状态通过快速消耗身体的能量来使我们保持警惕；而当我们放松时，大脑和身体则会自动修复、消除疲劳、恢复精力并补充能量，从而提高我们的应对能力。

其次，我们总是会不自觉地将注意力放在那些令人心惊胆战或令人不安的想法上，而心理放松能让我们改掉这种习惯，并引导我们把注意力集中在那些让人安宁舒心的想法上。

再者，深度放松能让我们用不同的视角来审视熟悉的处境，进而去发现新的可能。

不仅如此，学会放松，还能释放你的无力感，因为你会发现几乎任何处境的难事都会有解决的办法，至少你内心会这么觉得。

最后，学会放松能让你处于一种安然于当下的状态。在这样的状态下，你更容易让大脑接受有益的信息和智慧，而这些智慧是你在忙于了解外部世界时很难触及的。学会放松是你掌握更多复杂技能的基础。

★ ★ ★

我们为什么不想放松

有时，焦虑的人并不愿意去放松，因为他们担心自己会失控。但事实上，如果你一直不肯放松，那么你又能控制什么呢？其实，无论你遇到什么情况，学会放松身心，才能使你有更好的控制能力，至少是对自我的控制力。

有些人总是无意识地抗拒放松，因为他们已经习惯甚至沉溺于应激反应里。消极忧虑习惯很容易使我们陷入一种恶性循环，因为消极的忧虑习惯会使人处于高度警惕状态，从而诱发"战斗或逃跑"的反应，使得生理唤醒水平以及敏感度随之升高，进而使我们产生更多的忧虑。当我们处于紧张状态时，我们的肾上腺会释放出一种叫儿茶酚胺的应激激素（肾上腺素和去甲肾上腺素），而这些激素至少在短时间内会让人感觉充满能量，做事会更高效。但是，所有短效兴奋剂，不论是可卡因、安非他命、咖啡因还是我们的肾上腺素，都会让人成瘾，因为它们都能在短时间内让人感觉自己变得更聪明、更强大。而一旦效力减退后，我们就想重新拥有那样的感觉。当我们不经意间发现肾上腺素的刺激能带来快感时，我们就会尝试各种方法去弄清楚这种感觉。

例如，如果你有些头疼，你就会想象自己得了脑瘤。打喷嚏、鼻塞也许是流感症状，也有可能是黑死病卷土重来。你的行程太满，所以你总是迟到。你常觉得自己心有余而力不足，连日常基本的事物都处理得很忙乱。你总是夸大事情未完成的后果；做每件事情都带着竞争意识，不断力求完美；凡事都亲力亲为；不管醒着还是睡着，都要锁定新闻频道，尽管很多时候是将其当作背景音乐；遇事总往坏处想。所有这些都使你的肾上腺素飙升，致使肾上腺负荷过重，身心俱疲。

沉溺于压力的人都会人为制造紧张状况。他们凡事都喜欢小题大做，并制造各种危机与混乱。遇到危险时，他们也会添油加醋，幻想自己会有最糟的境遇。他们的人生态度可以用"杞人忧天"四个字来概括，也就是总把一些小事想成大灾难。

如果你也是这样，那么这本书将会帮你改掉这种思维模式。如果你并没有那么极端，那么这本书对你的帮助会更大。你将会变得更沉稳，少一些夸张的反应，找到与他人的共鸣，当然，你也会惊讶于自己快速的适应能力。

放松的另一个障碍就是一种被称作"放松引致焦虑"的反效果。有 10%~15% 的人会在闭上眼睛准备放松之后变得更加焦虑。这有时是由于之前的创伤所导致的，尽管并非所有人都

是如此。如果你也是这种情况，解决的办法很简单，你可以尝试在放松时睁着或半睁着眼睛，这样在放松的同时，你还可以观察周围的环境。或者你觉得你需要有你信任的人在屋里陪你才能更放松，这样也可以。如果这些方法都不管用，你可以请经验丰富的医疗专业人士来协助你完成训练。

★ ★ ★

改变旧有的思维模式的途径

在我看来，改变的发生通常有两种途径：有时候，改变会在瞬间发生，可能是因为某种看法、某次危机或是某一次的顿悟；其他时候，改变是需要长期规律的练习才可能产生的。这本书中的练习为我们创造了许多顿悟的机会，因为在这个过程中，我们会进入深度放松和善于接受的状态，在这种状态下，我们更容易接受有意义的见解。即便顿悟没有出现，我们也可以通过实践这些方法来改变我们的大脑。经过反复的练习，我们就可以变得更加镇定自若和清醒，而不是被焦虑缠身。

★ ★ ★

镇定自若的三个秘诀

学会镇定自若，意味着你首先要掌握三种重要的"双重控制"机制。这些机制都是我们与生俱来的，它们在体内自动运行，虽不为我们所察觉，但却可以被我们有意识地控制。

第一个秘诀：呼吸

当我考上医学院时，我从来没有想到过我今后会花这么多时间来教我的病人怎么呼吸。并不是因为他们身体的自主呼吸不足以维持他们的生命，而是当我们处于压力、紧张或焦虑时，我们的呼吸会变浅，并积压在胸腔，我们好像变得不会呼吸了。

这种反应无疑是人类作为被捕食者的返祖现象。就像兔子或小鹿，当我们感觉到威胁时，我们也会本能地变得全身僵硬或者尽可能地减小动作幅度，看起来如同"静止"一般。因为狮子、老虎和狼等食肉动物的眼睛对移动的物体很敏感，所以猎物一旦逃跑，就会激发它们追逐的本能。"静止反应"是被捕食动物的防御机制。因为目标物体没有移动时，即使近距离之

内，食肉动物也可能看不见。

对于现代人来说，因为大多数时候我们是没有什么机会遭到食肉动物的攻击的，所以这种静止反应也就失去了原本的意义。浅呼吸会减少摄氧量，并增加二氧化碳的消耗量。如果这些生理变化在长时间内没有得到缓解的话，就容易引起身体预警。然后，我们就得重复开始另一种循环，由压力导致的应激反应使呼吸变浅，而浅呼吸则会进一步诱发更多的压力和焦虑。

幸运的是，我们还有一个简单的补救措施，也就是我们用于纾解压力、紧张和焦虑的主要方法。呼吸是"双重控制"机制。足够的呼吸可以维持人的生命，更重要的是，有意识地控制呼吸的方式，可以让身体从应激反应状态转换为放松状态，从而改变旧有的思维模式。

腹式呼吸

下面来做一个简单的呼吸实验。这个实验的主要目的是学会如何用腹部来呼吸，就是当你吸气时，尽量吸得越深越好。通常，我们称之为"腹式呼吸"，其实更准确的来说，应该叫做"横膈膜呼吸"，因为当我们运用这种方法呼吸时，我们是利用横膈膜的上下移动来扩大胸腔，将更多的气体吸入肺部，横膈膜是分隔胸腔和腹腔的那一大块肌肉。这种更深度放松的呼吸方式，不仅可以改善体内的氧化作用和能量，还可以排出更多的废物，激发我们的自主神经系统的副交感神经（或者放松反应）。当我们的身体处于没有预警的无忧无虑的状态时，其实就是副交感神经在起作用。

学会腹式呼吸最简便的方法就是我们教给小孩的办法——"气球呼吸"。你可以平躺下来，当然如果这样觉得不舒服的话，你也可以选择侧卧或坐着。将一只手放在胸部，另一只放在腹部。注意观察，当你正常呼吸时，哪只手的移动幅度更大。之后，继续保持这样的姿势，注意观察，当你吸气时，哪只手先动；呼气时，哪只手在动。如果放在胸部的手先动，那么请注意观察如果你有意识地开始用腹部呼吸，会发生什么。想象在你的腹部有一个气球，当你吸气时，气球膨胀，气体直接灌进气球里。刚开始，你可能会觉得有些别扭，但是几分钟之后，你就可以很自然地进行呼吸，让气体进入"气球"，使腹部膨胀起来。进行腹式呼吸的时候，建议不要穿紧身有束缚感的衣物。呼气时，想象这些气体是从体内的气球里释放出来的，进而让你自己放松下来。

腹式呼吸时，收缩膈肌，尽量把气体压入肺部下端，扩张腹肌，增加肺部通气量，从而提高血液的含氧量，为身体提供更多能量。呼气时，排出更多二氧化碳废气，同时，随着脊椎有规律地加快运动，就好像在给脊椎做按摩一样。腹式呼吸可以激发体内的放松反应，身体可以随之调整到"清理和修复"模式。你无需集结外力来抵御外部危险和压力，体内的修复和更新系统就可以顺利运行。

瑜伽已有上千年的发展历史，人们主要通过调整呼吸来平衡身心。瑜伽呼吸法被称为"呼吸控制法"，它有两种模式：一种能让人的心静下来；另一种则可以让我们充满活力。前一种呼吸法侧重于将气用力吸进腹部，然后慢慢呼气，让呼气时间久于吸气时间，最后保持在一种不吸不呼的状态，也就是屏息。

在你吸气、屏息、呼气，再次屏息的过程中，你可以通过默数来找到一个比较有规律且简单的方式，使自己不至于陷入慌乱中。你可以试着吸气默数 4 秒、屏息 2 秒、呼气 6 秒、再次屏息 2 秒。当然，你完全可以随时调整，找到最适合自己的方法。

> 让我们再来做一个腹式呼吸的放松实验。让自己处于舒适状态，不要穿过于紧身的衣物。找一个安静舒适且在接下来的 5 到 10 分钟里不会被打扰的地方。用意念扫描自己的身体，并以此来评估身体的紧张程度，从 0 到 10 来打分，0 分说明完全不紧张，10 分说明紧张到喘不过气。

一只手放在胸部，一只手放在腹部。吸气 4 秒，之后屏息 2 秒，再以你觉得最自然的方式呼气 6 秒或 8 秒，呼气时要尽量将肺腔中所有的空气排出，然后再次屏息 2 秒。这样连续做 4 次，之后按照正常方式呼吸。这个时候再次扫描一下你的身体，评估你身体的紧张程度，和之前相比，是一样、更低，还是更高呢？

如果你从未试过这么呼吸，那么在最开始的时候，你的紧张程度可能会升高。因为刚开始你会觉得有点别扭，而等你适应这种呼吸节奏之后，呼吸就会变得比较自然。慢慢来，和你的呼吸一起来做这个游戏。但是，一定要保证你的呼气时间要多于吸气时间，在吸气和呼气之后都要屏息，并注意观察此时的状态。

一旦你适应了腹式呼吸，就可以试试另外六种方法。然后让你的呼吸变得更加自然，并再次评估你的紧张程度，观察你的紧张程度是否在下降。如果是的话，请再多重复几次。观察你的身心对每个循环的反应。如果你的紧张程度并没有降低，那么暂时别管这个练习了。

回顾你的腹式呼吸练习

在你回顾时，请思考下列这些问题。你可以花点时间把你对下面这些问题的想法，或者那些你觉得有趣或重要的内容记录在你的解忧日志里。

- 观察你日常的呼吸方式，有什么特别之处吗？

- 开始呼吸时，你的哪个部位先动——胸部还是腹部？

- 你曾经改变过你的呼吸方式吗？

- 如果有，当你学习腹式呼吸时，你注意到了什么？

- 呼吸是否变得更深？在你适应这种新的呼吸方法后，你有没有觉得更放松？

- 有没有什么妨碍到你？

- 有没有什么事情是你力所能及的同时又能让你更好地学习腹式呼吸？

- 练习腹式呼吸时，你的紧张程度有什么变化吗？

- 你觉得在你坐着或者站着时能用腹部呼吸吗？走路时呢？

- 你有没有什么技巧能让自己更放松？

- 关于腹式呼吸以及如何用腹式呼吸来放松身心，你有什么想问的或者想说的吗？

第二个秘诀：放松肌肉

第二个"双重控制"机制就是肌肉张力水平。我们的肌肉有一个张力设置点，可以让肌肉自动维持在某个长度和张力水平上。有些人天生肌肉松弛，而有些人则天生肌肉紧实。通过锻炼或拉伸，会在一定程度上改变肌肉的紧实度。你可能还会惊讶于肌肉对思想和心理指示的反应速度居然会如此迅速。

我们习惯于让张力维持在高于我们所需程度的水平上。当肌肉紧张时，肌肉血液循环会减弱，因此体内会堆积许多代谢废物，例如乳酸。当你的运动量突然增加时，肌肉会酸痛一两天的时间，这就是乳酸在起作用。除了会让肌肉酸痛，乳酸还会让人感到紧张和压力。所以，在进行人体实验时，科学家们常通过注射乳酸来刺激焦虑。

幸运的是，当你放松时，肌肉消解乳酸的速度就会加快。事实上，放松时，肌肉消解乳酸的速度比睡觉时还快 4 倍。接下来，我再介绍一种有效的放松方法，它能够改变肌肉紧张模式，减少乳酸的形成，进而缓解紧张情绪。

事实上，瑜伽练习者早就注意到呼吸能够放松身体，我们的思想也可以帮助我们放松肌肉。20 世纪 30 年代发明的肌电图（EMG）为这种说法提供了科学依据。肌电图能够显示大脑发出电子信号时肌肉的变化。发出肌肉收缩信号的神经同样也能让肌肉放松。

埃德蒙·雅各布森博士（Edmund Jacobson）是首批研究肌电图的专家之一。雅各布森博士会让连接上肌电图的人想象自己正在走路、跑步或者嚼口香糖。他发现，当人们想象自己正在跑步时，他们的大脑也会向腿部肌肉发送神经脉冲；假设他们想象自己正在吃三明治，他们的下颚肌肉也会被激

活。他们的肌肉正在被自己的想象"预热"。

雅各布森博士发现，当人们暗示肌肉应该放松时，肌肉就会真的放松下来，并产生与应激反应完全相反的轻松感。

当雅各布森博士向他的患者传授这种放松方法时，他们感觉不仅自己的肌肉开始放松，不再酸痛，而且身体和情绪上的其他症状也得到了缓解。雅各布森博士在他的著作《你必须放松》（*You Must Relax*）一书中强调，我们必须了解心理暗示对身体反应的重要性，心理暗示不仅可以制造恐慌或焦虑，而且还能让人平静和放松。

雅各布森博士将他的方法称之为"渐进式肌肉放松训练"。这种方法以及类似的训练都是想要缓解身心压力和焦虑的人的重要参考。众所周知，瑜伽中有一种挺卧式或摊尸式休息法，通常在瑜伽练习的最后环节进行，这是为了让身体得到深度放松。在进行身体扫描时，肌肉放松也是首要内容，也是正念冥想修习的第一步。生物反馈治疗师们也仍在使用肌电图来帮助人们学习如何快速放松肌肉。

进行肌肉放松，首先应慢慢地扫描身体的肌肉群，然后让肌肉开始放松。这种放松方式不仅可以排出积压在体内引起疼痛以及紧张感的垃圾，还能让你将注意力集中在当前的状况而不是纠结于失控的想象。当你意识到你的思想能够影响你的身体活动之后，你的身体意识会增强，自控能力也会随之有所提高。

第三个秘诀：心理意象

心理意象是放松身心以及缓解压力和焦虑的第三个秘诀。意象导引练习是一个极其有效的放松方式。想象自己待在一个美丽、平静而又安全的环境里能够让你摆脱惯有的思想模式，让你的大脑、身体和内心得到深度放松、恢复以及重生，让你可以暂时休息并充电。在意象练习中，你可以想象自己在一个你曾经去过的地方，或者是一个你在脑中想象的地方。深度放松的关键在于密切关注自身感官所感觉到的细节。

我之前提到过，有一种叫"功能性核磁共振成像"的脑部扫描可以观察到，执行不同任务甚至是思考如何执行这些任务时，大脑的不同区域就会分别被激活。成像显示，当想象的内容是视觉细节时，大脑中负责视觉处理的区域就会变得活跃；当你的想象是风吹过树木发出的声响、大海的声音，或者是你周围静谧无声时，大脑里负责听觉处理的区域就会变得活跃。因此，当你开始运用自己的感觉时（气味、温度、时间段，等等），大脑皮层中越来越多的区域会参与到你的想象中去。当大脑皮层向你的情绪脑和爬虫脑发出你正在一个安全宁静的地方放松的信息时，它们就会向你的身体发送一个"解除警报"的放松信号。当你感到愉悦时，你会发现你的身心都处在一种深度放松和平静的状态。

接下来，你将开始一段新的放松旅程，整个放松过程结

合了腹式呼吸、肌肉放松以及一段平静舒适的内心之旅。这三种方法共同作用，能够让你平静下来，并重置你的紧张和兴奋水平。这种放松方法不仅简单易学，而且可以使你重新振作、变得强大，你随时随地都可以使用这种方法。刚开始，你大约需要花费 25 分钟完成整个过程，但是，熟练之后，你就能更快地得到放松，有时只需要几分钟而已。

下周开始每天至少一次试着以这样的方式放松，当然，两次更好，然后看看感觉如何。正如你所掌握的技能一样，这也是一种熟能生巧的练习，尤其是在前期的练习过程中。有规律的放松能够让你感觉更舒服，进而释放压力，还能帮助你进一步了解导致你紧张不安的诱因。

准备深度放松

为了你的安全考虑，请不要在开车或进行其他任何需要集中注意力的活动时听这些用于放松和意象导引法练习的录音。情况允许的话，找一个安静、舒适且安全的地方，请其他人不要打扰你，除非有真正紧急的事件（紧急事件不包括帮忙找袜子或做点心之类的）。

在练习过程中，你可以自己把练习的内容录下来，在出现省略号的地方停顿几秒，给自己留点时间体会放松的感觉；当然你也可以请别人帮你朗读。

首先，花点时间找个舒服的位置，坐着、靠着或者躺着都行。不要穿紧身的衣物或配戴饰品，让自己可以自在地深呼吸。确保在 25 分钟内，没有人来打扰你。你可以随意移动，重要的是让自己感到舒服。如果你发现自己在听的过程中快要睡着了，那么你最好坐起来或者眼睛保持微张，确保你可以更好地完成整个训练过程。

任何时候你想要停下来，只要睁开眼睛、环顾四周，把你的注意力拉回到现实即可。

在你开始之前，用意念扫描一下你的身体和心理状态，并评估你身体的压力和紧张程度。

冥想的三个秘诀

首先，深吸一口气……然后慢慢呼气，感觉要把体内的废气完全彻底呼出……呼气时间一定要比吸气时间长一点……再来，吸气，让腹部慢慢隆起，感觉好像是在腹部装了一个气球……然后，呼气，呼出体内所有的废气，就好像彻底放松自己，驱走了所有的紧张与不适一样。

在吸气和呼气之后，屏息……就一会儿……注意屏息的位置……呼气时间一定要比吸气时间长一点……重复 6 次这样的呼吸练习，把握适合自己的节奏……当你用这种方法呼吸时，想象每次吸气都给你带来了新鲜的能量……然后每次呼气都释放了紧张与不适……

在重复6次呼吸练习之后，重新用正常的节奏和频率进行呼吸……任何时候，如果你需要更放松的话，你就可以进行更深度的放松呼吸……

倘若练习过程中，有人因为重要的事情而需要打断你，直接叫你即可，你也可以睁开眼睛、完全清醒，把注意力转移到他们身上，如果需要，你可以做出回应。

除此之外，对于现在的你来说，任何声响、声音或者周围发生的事情都不重要……因此，你完全可以忽略它们……你可以把所有外界的声响和事物都留在意识之外，继续专注于你的放松练习，你会发现身体开始变得放松舒适，渐渐达到深度放松的状态。

假如在放松过程中，你有些走神的话，不用理会错过的内容，从当下的内容继续。不要尝试赶进度或者因此而变得烦躁不安。你只需要把注意力集中到当前听到的内容上即可。

现在，开始自然、均衡、简单地呼吸，闭上眼睛，把注意力集中到脚趾上来进入更加深度的放松状态。感受你的脚趾，是否有紧张或不适的感觉，试试看，暗示脚趾也跟着一起放松……让你的脚趾自然放松……留意一下脚趾如何回应……让你的脚趾一起来放松……继续观察……好，现在把注意力转移到脚的其他部位，让你的脚趾继续放松，用同样的方式让你的双脚也开始放松……释放所有它们不需要承受的紧张和压力……

让你的双脚一起放松……接着，脚踝……调整一下姿势，让自己更加轻松自在，不要担心是否真的放松下来了……或者是否彻底放松了……你只需要留意当你向它们发出放松邀请的时候，发生了什么变化。

现在，把注意力转移到你的胫骨和小腿肌肉上……小腿所有的肌肉……留意一下小腿现在的感觉……接下来放松小腿胫骨和小腿肌肉……留意开始放松时小腿的感觉如何……无需担心或强迫自己放松……只要邀请你的小腿来进行更深度的放松就好。

接下来，以同样的方式，留意你的膝盖……放松膝盖……留意大腿、大腿肌肉以及大腿筋，大腿的前侧以及后侧……放松大腿……放松……释放所有不必要的紧张感……你不要担心需要怎样或不需要怎样……让你的膝盖和双腿自然放松。

现在轮到你的臀部和骨盆……放松臀部和骨盆……就是背部下方的臀部区域……释放所有不必要的压力……让整个下半身的身体继续自然放松……以舒适简单的方式放松……不要太过刻意……让这成为一次惬意舒心的体验。

现在轮到身体的上腹部……腰线……腹部……下背部……中背部……自然放松身体的上腹部……轻轻移动并调整，为背部找到最佳位置……让背部感觉最放松的姿势……当脊柱两边的肌肉开始放松时，让脊柱承受背部的全部重量……

现在轮到你的胸部……胸腔……胸腔周围的肌肉、肩部以及肩胛骨周围……开始放松整个胸部和胸腔部分……释放所有不必要的压力……开始自然放松。

想象整个身体躯干正在自然放松，让身体感到舒适愉悦……再强调一次，不要纠结放松的程度如何……或者去考虑怎样才能更好地放松……就简简单单地、自然地放松自己的身体。

接下来轮到肩膀……颈部肌肉……开始自然放松整个颈部和肩膀……放松……释放……越来越舒服……随着你逐渐放松下来，肩膀的全部重量渐渐压到整个躯干上，感觉越来越放松，所有不必要的压力和紧绷感也随之释放掉了。

随着肩膀不断放松，想象一种舒心愉悦的感觉游走全身……手肘……很舒服……到前臂了……释放、放松……开始放松手腕……接下来，双手开始变得柔软……一直到指尖、拇指，手掌也开始慢慢放松……然后手指也逐一开始放松……小拇指……无名指……中指……食指……然后大拇指。

接下来，慢慢地、轻轻地转动或伸长你的脖子，让躯体的紧张感或紧绷感慢慢消失……当你轻轻舒展开的时候，你会感觉到你的颈部和肩部的肌肉在变软、放松。感觉所有疼痛或不适在慢慢消失，所有身体组织都在放松，全身变得舒适自在。找到让颈部和肩部感觉最舒适自在的位置……留意颈部和肩部的感觉。

放松头皮和前额，感觉这里变得柔软、清爽、自在……头皮或额头的紧绷感也慢慢消失。留意你的脸部肌肉……下颚……放松你的脸部，感觉你的脸变得柔软、清爽、自在……释放脸部所有不必要的压力和紧绷感……更深入地放松……自在舒服。

留意眼睛周围的小肌肉……开始放松你的眼睛周围的肌肉……释放所有无需承受的疼痛、紧张或紧绷感。让这种愉悦放松的感觉在你的面部和下颚肌周围蔓延开来。

当你的面部、太阳穴和前额变得柔软而放松时，开始深度放松你的下颚肌肉……当下颚肌肉和舌头开始放松时，你的上下两排牙齿也许会不自觉地分开，这是完全正常的……感觉你的下颚的紧张感或紧绷感在消失，因为它变得更柔软放松。

让你的舌头放松，渐渐变得柔软……让它在口腔里轻轻划动……深度放松……自在地放松……

继续轻松地呼吸，如果感觉到你哪些部位还没有达到深度放松的舒适状态的话，找到让它们达到更深度放松状态的方式……当你准备继续进行深度放松时，想象自己将要去一个异常美丽、安全、舒适的地方……也许是一个你曾经到过的，或者只是当下出现在你脑海的地方……无论是哪一种都可以，只要选择一个对你来说非常美丽的、非常安全的、让你觉得自在、舒服和安宁的地方……

想象一下，你现在就身处那个让你心旷神怡的地方……这种感觉如此美好……如果你的脑海中出现好几个地方，那么选择其中一个最吸引你的……想象你现在就在那里……留心你看到的一切……留心你看到的颜色和情形……那些你看到的或在想象中看到的……留心你听到的一切，以及在你想象中听到的任何声音……或者也许那里是寂静无声的……你还可以想象你闻到某种香味或芳香，或者空气中传来的气味……

不管你注意到什么都可以……只要留心你所注意到的……留意那里是什么时间、温度如何、什么季节……特别要留意你在那里感受到的舒适、宁静、放松的感觉……

留意那些让你感觉最轻松、舒适的地方，想象你在那里舒服地安顿下来……把这个地方整修一下，让它变得更舒适、更宜居……为你自己而做。现在，想象你坐了下来……或者躺了下来……或采取任何你想象中最自在的姿势。轻轻地舒展自己，并留心真正放松的感觉如何……

想象中的你在这里变得更加轻松自在，你在用自己的方式享受这些感觉……哪也不用去……什么也不需要做……让这种轻松自在的感觉来得更强烈一些……用心体会……让这里变得更舒适……让你在这里变得更自在……

只要你喜欢，你可以在这里继续尽情地放松。在这个寂静、安宁、美丽的地方……哪也不用去……什么也不用做……除了放松……享受与自己独处的时光……

只要你喜欢，尽情地享受吧……同时你还应该知道，尽管你在这里享受平静安宁的时光很有限，但你的身体和思想不仅仅只是在放松，而且在放松过后，你的身体和思想会恢复活力，甚至会变得更强……

当你想要回到外面的世界时，你需要做的就是做好心理准备……环顾四周，再看看这个特殊的地方……记住，这是一个专门为你准备的地方……一个存在于你脑中，你可以随时去到的地方……一个让你觉得异常轻松自在的地方……一个能疗愈身体和心灵的地方……一个让你通过放松身心，回想所见、所闻、所嗅、所感并随时都能来到的地方……而且，你要知道，当你决定将你的意识拉回到外面的世界时，你还是可以继续体会你在这里所经历的轻松自在的感觉……你还会因学到新的放松身心的技能而感觉良好……

提醒你自己，你随时都能找回这种美妙的感觉，为此你要做的就是重复在这里你所学到的步骤，从呼吸开始……慢慢呼气，感觉把体内的废气完全呼出，然后注意一步一步地按顺序放松身体的各个部位，释放所有无需承受的紧张和压力……回想你在这个特别的地方的一切所见、所闻、所嗅、所感……现在，把注意力拉回到外面的世界，你所需要做的就是开始留心周围的世界里发生的一切。开始注意你从周围环境中所听到的。开始把你的注意力带回到外面的世界，就好像你刚睡了个午觉一样，起来之后感觉神清气爽，之后又使你慢慢把注意力拉回到外面的世界……

当你的注意力完全回到你外面的世界时，你所要做的就是睁开眼睛，感受你自己的身体……摆动和伸展开手指和脚趾，环顾四周，留心你的所见、所闻，你感觉到自己比之前更精神、更自在、更放松，并准备好好利用今天剩余的时光。

你可能要花几分钟的时间来扫描一下你的身体和意识……给自己的紧张程度打分，你的紧张程度有几分呢？与之前相比是一样，还是更低一些或更高一些呢？

花点时间把你的练习记录下来或者画下来……

＊＊＊

回顾你的放松练习

当你在尝试这样放松时，注意到有什么特别之处了吗？

对你来说，最简单的是什么？那么，哪些部分对你来说是比较困难的呢？

你的身体有没有哪些部位是最容易放松的呢？或者是比较难放松的呢？

你想象自己去了哪里？你有注意到那里有什么特别吗？

这次经历有没有让你感到惊奇的地方？

有没有让你困扰的事情，或者说对于这种放松方式，你有什么疑问吗？

★★★

应该多久进行一次放松练习

每当那些受到压力或焦虑困扰的患者来就诊时，我会让他们连续三周内每天进行两次这样的放松练习，这主要是为了搭建一条新的脑通路，让大脑渐渐习惯放松的感觉，就好像它之前熟悉的压力那样。如果你常习惯性地紧张，那么我也建议你这么做。每天预留出两次半个小时的时间来进行这种放松练习，或者你也可以运用其他技巧来放松，然后注意观察自己身体紧张程度的变化。

你会发现，有时你很快就能达到深度放松的状态，而有时则不能。但只要你勤加练习，整个放松过程就能变得比较稳定。很快，你就能自己控制好自己的忧虑和压力。

★★★

放松、意象与催眠、冥想的关系

意象是一种无意识的自然语言，是一种与我们的感觉、经历、记忆以及想象等密切相关的编码语言，它参与了几乎所有与健康、治疗有关的身心锻炼方法。

一般的身心锻炼方法包括放松技巧、冥想、催眠生物反馈法以及身心锻炼，例如瑜伽、太极和气功。当你认真观察这些练习方法时，你会发现它们几乎都与意象有关。

因为压力是引发许多疾病和健康问题的重要诱因，所以放松技巧是最常用的身心锻炼方法，它不仅简单易学，而且十分有效。就我个人而言，我觉得最简单有效的放松技巧，就是之前学习过的——结合腹式呼吸法、肌肉放松法以及意象导引法，给自己放 5~20 分钟的白日梦假，想象自己到了一个宁静安全的地方。

冥想的方式也五花八门，但是最常见的就是将注意力集中在某个有意义的焦点上—— 一个单词、意象、声音、外部事物或者人的呼吸。内观，或者称为正念冥想，教你把身心专注于当下，此刻。

冥想，试图通过创造一种心理上的放松状态来在一定程度上达到内心的宁静，这么做可以避免你的思维因陷入恐惧而失去自制力。本质上，它就是一种让你摆脱对担忧和恐惧的依赖、迷恋甚至是沉迷的方法。冥想是你善用想象力的第一步。当你的注意力反复地回到你的祷文、呼吸或者任何你选择的冥想焦点上时，你就在放开忧虑，至少是暂时放开。几乎所有的主要宗教都有各自的冥想方式，但是，正如哈佛教授赫伯特·本森（Herbert Benson）提出的，不论何种形式的冥想，都可以缓解压力，因为冥想能够激发身体内的"放松反应"，这恰恰是与应激反应截然不同的。

尽管冥想十分管用，但是冥想也并非是解决人生中所有问题的方法，也并非是完全消除压力、焦虑以及忧虑的方法。在面对人生挑战时，冥想是一种安静但又有些消极的方法。暂时缓解压力并不能帮助你解决问题。这时候，你需要做的就是运用意象和自我暗示这些积极的、目的性强的心理技巧，比如在接下来你将学到的内在智慧、积极忧虑、有效行动以及最有效的意象导引法。除了能够简单的放松之外，这些方法还能够改善你的情绪，让你学会调用内在智慧以及培养自己应对忧虑和压力的能力。接下来你会学到意象导引技巧，事实上就是积极冥想的形式，你会有一个注意力的焦点来引导你思考、行动并且进行改变。西方人很容易接受意象导引法，因为只要能用于

放松的方法都能用于积极主动地解决问题。

刚接触意象导引法时，人们常常误解它和催眠之间的关系，因此产生担忧或疑问。意象导引法与催眠是不同的，尽管两者之间互有重叠。催眠仅仅是指一种放松的心理状态以及注意力高度集中的心理状态。当注意力高度集中时，就自然而然地进入催眠状态。催眠状态是每天都有可能发生的，比如当你专注地看电影或电视时，完全沉浸在阅读一本好书时，玩电脑时或者开长途车时。当你对于自己已经开了150英里的路程而感到惊讶时，或者尽管你本来只打算睡前看半个小时书，但你一抬头发现已经凌晨3点时，这些时候你都处于催眠状态，感到时间混乱是常有的事。

尽管大部分人都能够集中注意力，但对于进入的催眠状态，个体间还是存在差异的。许多人担心，催眠这种神秘的互动方式，让催眠师"接管"了你的思维，使你做你平时不会去做的事情。这种恐惧多源于舞台和电视节目里的催眠行为。为了表演成功，舞台催眠师会使用许多技巧。首先是对观众的选择，一般，催眠师会选择互动较好、配合度较高的观众。他们会观察那些因为他们的笑话发笑、点头或者在催眠师移动或做手势时前倾的人。这表明这些人是愿意配合催眠师的。一旦这些人被叫上舞台，为了配合催眠师而产生的压力就会增加，大部分没有舞台经验的人会因不知所措和焦虑而产生更大的压力。这就导致最后这些人很愿意配合催眠师的建议，在经过一系列"仪式"性的过程之后，他们就会开始进入恍惚状态。

事实上，在从观众席被挑选出来之前，他们就已经处在愿意接受建议的状态。舞台催眠纯属娱乐活动，但用于治疗或自我提高的催眠则是完全不同的。

就目前而言，一旦我们开始放松或专注于新思想时，我们只需要运用自身的接受力就好，这主要是为了养成用于释放忧虑和压力，培养沉稳、自信以及创造力的新的思考习惯。如果你喜欢自我催眠这个概念，那么就这么称呼吧。如果不喜欢，你可以称它为放松和意象，或者基于意象的冥想。

★ ★ ★

放松和意识

所有这些练习都是相互联系的，它们都能让人达到深度放松的状态。放松能够降低你原本的紧张程度，这是摆脱不必要的忧虑和压力的第一步。

当你放松时，你会更加开明，更容易接受新事物。当你能够更好地控制自己的想法和意象时，你就能对自己的身心产生

更多积极的影响。

定期的放松训练能够降低你基本的紧张水平，让你对周围的压力的敏感度降低，但是这并不能解决或消除你所有的忧虑。当你训练放松能力的同时，请看下一章，学会给忧虑分类，让忧虑对你产生更多的正面影响吧。

THE **W** ORRY SOLUTION

第 4 章

看清忧虑

> 我知晓世间有许许多多的烦恼，而它们中的
> 大多数却从未发生过。
>
> ——马克·吐温

第 4 章

看清忧虑

（扫码听练习）

观察者练习 I

（参见本书 82 页至 83 页）

（扫码听练习）

观察者练习 II

（参见本书 85 页至 87 页）

在了解过前面三章的内容之后，接下来要做的是分清两种不同类型的忧虑：一种是你有计可施的，另一种则是你无计可施的。有时，你一望而知；有时，你也许就被自己的"烦恼"难住了，为分不清忧虑的类型而大伤脑筋。这也就是为什么在"静思祷告"中会出现祈祷上帝赋予"分辨两者的智慧"。事实上，我们远比生活中的自己更睿智，尤其是比那个焦虑、紧张或烦恼时的自己更加睿智。这是因为恐惧常常引起一种被称为"衰退"的心理现象。处于"衰退"状态时，我们在思想和情感上都会变得更加幼稚。因不确定和缺乏控制而诱发的恐惧，可能会让我们回想起曾经的经历，那些记忆可能会勾起更多可怕的回忆。我们就会变得像受到惊吓的孩子，很难充分展现自己在成长过程中所具备的优秀品质和能力，例如智慧、勇气、创造力以及其他能力。

研究表明，当我们处于某些特定的"化学脑"或"感性脑"状态时，我们很容易回想起曾经处于同样状态时的记忆和感觉，因此，要产生与这种状态无关的想法，就变得愈加困难。比如，当我们处于愤怒或恐惧的状态时，我们更容易关联

到其他愤怒或恐惧的想法和感觉，而要关联到那些令人平静或宽容的想法就变得愈加困难。这种现象被称为"状态依赖"。

1961年，坦普尔大学的心理学家唐纳德·奥弗顿（Donald Overton）率先利用老鼠走迷宫的实验论证了状态依赖的存在。奥弗顿训练一群小老鼠走迷宫，之后再给它们注射强力镇静剂戊巴比妥。在注射过镇静剂之后，那些老鼠就忘记怎么走迷宫了，漫无目的地跌跌撞撞，不断走错路，那个样子就好像豪饮之后走路回家的醉汉。而等到药效退去，它们又恢复正常了。

但当奥弗顿训练另一群已经注射过药剂的老鼠走迷宫时，奇怪的事情发生了。这些老鼠在神志恍惚的状态下能很好地走迷宫，但是当奥弗顿没有再给它们注射药物，让这些老鼠尝试在清醒的状态下走迷宫，它们就不停地出错，最后不得不重新学习如何走迷宫，而这群老鼠在学习过程中，就好像以前从没学过一样。一旦再次给它们注射药剂，它们就又能快速正常地走迷宫了。

换句话说，一旦大脑中的某一化学状态发生改变，那么之后我们可能就想不起来原本编码在那个化学状态下的记忆。因为情绪是大脑重要区域中独特的化学状态，所以情绪状态的改变很可能会改变你提取大脑中某些特殊信息和才能的能力。

状态依赖在生活中随处可见。你是否曾经在对你的另一半生气时，突然之间想起他过去惹你生气的所有事情？也就是说，大脑储存情绪记忆的分类依据是情绪而不是事件的内容。

因此，为了最大程度利用你的心理资源，你首先要摆脱恐惧，寻找一个能向更全面记忆和经验打开情绪大门的状态。想要更快地成功，首先你要善于观察自己的想法。

★ ★ ★

究竟是谁在忧虑

如果你想要更轻松地分清忧虑的类型，在心理上最好不要太急迫，而是先学会观察自己脑中的想法。但是，我们中的大多数人都觉得思想或思维代表着我们的全部，这种想法让他们很难做出改变。

我清楚地记得自己是何时发现原来思维并不代表我的全部。和许多年轻医生一样，我一直生活在别人的赞美之中，对自己善于思考的能力也深以为然。从医学院毕业几年之后，我开始进行心理综合法的训练。心理综合学是由意大利精神科医生罗贝托·阿萨吉欧力（Roberto Assagioli）在 20 世纪上半叶创立的心理治疗法，与他同时代的还有西格蒙德·弗洛伊德

（Sigmund Freud）和卡尔·荣格。阿萨吉欧力认为，弗洛伊德提出的潜意识是压抑的欲望、冲动和经历的资源库的说法过于狭隘。他认为，潜意识还能提供各种各样的见解、创造力以及灵感。不仅如此，他还指出，人类常常没能发现、培养甚至还可能抑制住了我们梦寐以求的许多优秀品格，像慷慨、鼓舞人心、快乐、无私等。阿萨吉欧力的人格模型中间放置的是被他称为"自我"（Self）的实体。他认为，自我作为意识的中心，通过身体、情绪以及思维来体现。这类似于许多人口中的"灵魂"，或者印度教中的"atman"（灵魂）。不论我们是否老去或经历多少，自我是人格中一个永远不会改变的基本部分。

因为观察自我的概念很难用语言解释清楚，所以，老师指导学员们通过实践经验来了解。首先，我们舒服地坐在地上，开始熟悉我们的身体感觉——身体的重量、呼吸运动、穿衣或裸身时身体的不同感觉，可能有紧张感或疼痛感。然后，老师提了一个问题："到底是谁在观察我身体的感觉呢？"老师没有要求我们做出回答，而仅仅是提醒我们注意。这让我清楚地意识到，尽管我在感受我的身体，观察我的身体，但是，身体并不代表全部的我。

我们用相同的实验来检验情绪——观察我们当下的情绪以及对于我们生活中出现的形形色色的人和事的感觉。问题又来了："到底是谁在观察你的情绪呢？"毫无疑问，当然又是——"我"。那个我一直都了解的、同时也是被别人称为"聪明人"的"我"在观察我的情绪。

然后，老师又开始让我们留意脑中的想法，并认真观察它们。这些想法或大或小，或重要或琐碎，比如购物清单、对这个训练的好奇、坐在地上不舒服的感受等。老师仅仅是让我们观察脑中闪过的想法，而不要尝试打断、评价、判断它们或者与它们互动。然后老师又问道："到底是谁在观察你的想法呢？"当我注意到是我在观察我的想法时，我的一些东西改变了。因为我意识到，假如我能观察自己的想法，那就意味着我的想法不代表我的全部，就像我的身体或感觉也不代表我的全部。但我没办法清楚地描述出到底我是从意识的哪个位置观察我的想法的，我只能说我感觉它很熟悉，就好像它一直都在，没什么变化。

这次的经历有何重要意义呢？这意味着，假如我们学会了观察我们的想法和感觉，那么就等于我们建立了一个内在的工作"平台"。假如我们认为我们的思想或感觉代表着我们的全部，那么做出改变又谈何容易呢。当我们意识到想法和感觉的存在时，我们可以选择专注于哪些部分，将哪些付诸实践、保留哪些以及放弃或尽量忽视哪些。重要的是，我们知道我们的想法并非我们的全部，我们也无需因自己的想法而困扰。这种认识对于打破我们的习惯性思维模式和忧虑起到了至关重要的作用。

★ ★ ★

观察者练习 I

下面这个实验有助于你获得观察自己想法的能力。你需要一个计时器，或者你可以请别人帮你计时 1 分钟。

观察者练习 I

找一个舒服的姿势坐下，确保自己在接下来的 5 分钟时间里不会被打扰。你可以随时移动或改变位置以便找到让你更舒服的姿势。

接下来，先深吸一口气，然后慢慢呼气，感觉要把体内的废气完全呼出，想象你每一次的呼气都能稍微释放你的紧张、不适或烦恼……当你吸气时，想象你是在向身体注入一股新鲜的能量与活力。当你像这样呼吸时，让你的身体渐渐放松，变得更加舒适自在，抛开所有无需承受的紧张和压力……不要去烦恼你是否需要维持紧张状态……你需要做的仅仅是让身体更加舒适、放松和自在……然后慢慢地把注意力集中到你的内心世界……隐藏起所有那些来自外部世界无关紧要的声音……当你进入内心世界，你要做的就是开始观察脑中进进出出的想法……不要让意识跟着它们离开，也不

要留住它们……单纯地观察各种各样的想法……现在，拿起你的计时器，计时一分钟开始，然后数一下在这一分钟时间里你脑中闪过了多少个想法……不论是大的、小的、重要的抑或是不重要的，不要去评价或者分析它们……你要做的就是数数一分钟内脑中出现的想法……

时间到了，写下你数了多少个想法……

★ ★ ★

回顾观察者练习 I

在一分钟时间里，你观察到多少个想法呢？

你只需简单数数，而不需要去跟随任何想法，感觉如何？

你是否感觉到你的身体里有一个能够观察自己想法、感觉和身体反应的"观景台"呢？

平静状态下，平均每天会有十几个左右的想法。假如你要处理很多任务，或者每天需要做许多决定，那么这个数值可能就会翻倍。要是你一天之内做好几次这个实验，你每次得到的结果也许都不一样。虽然每个人的情况可能不同，不过如果你是在工作日期间或工作日结束时做这个实验，数值会更

高；如果你在每天清晨做这个实验，数值可能会降低。这个数值本身并没有所谓正确或错误之分。这仅仅是一种让你意识到自己的这种观察能力的方式，而并非让你去追随你的想法。

当你做实验时，你会发现体内存在一个能够观察自己想法和身体反应的"观景台"，这个观景台相当有用，因为它能让你更加清楚到底哪些思维模式适合你，哪些不适合。

★ ★ ★

观察者练习Ⅱ

这个练习和我之前描述的心理综合法的训练过程相似，它使你更清楚地意识到身体里存在着一位客观的观察者。

请确保接下来的 15 到 20 分钟内你不会被打扰，找一个舒服的姿势坐下。你可以随时移动或改变位置以找到让你更舒服的姿势。慢慢通读这个练习的文稿或者让别人帮你朗读，朗读时要注意停顿。

观察者练习 II

首先，深吸一口气，然后慢慢呼气，感觉要把体内的废气完全呼出，想象你每一次呼气都能释放你的紧张、不适或烦恼……当你吸气时，想象你是在向身体注入一股新鲜的能量与活力……当你像这样呼吸时，让你的身体渐渐放松，变得更加舒适自在，抛开所有无需承受的紧张和压力……不要去烦恼你是否需要维持紧张状态……你需要做的仅仅是让你的身体更加舒适、放松和自在……然后慢慢地把注意力转移到你的内心世界……忽略所有那些来自外部世界无关紧要的声音……进入你自己的内心世界，留意当下身体的各种生理感觉……感觉一下你坐着或躺着的地方接触的部位所承受的身体重量……留意一下支撑你身体重量的部位……感觉重量如何……假如用印泥在你身体上盖印，那么与印泥接触的那个部位有什么感觉吗？……注意身体与衣物接触的感受，然后对比肌肤裸露在外的感觉……你感觉温暖还是凉爽呢……身体上是否有哪些地方觉得紧张或是不舒服，或是有你感到特别放松和舒适的地方……注意观察正常呼吸时，你的身体是如何运动的……哪些地方在动，哪些地方没动……你的身体现在还有其他感觉吗？……

现在，开始对自己默念下面几句话："我拥有在我身上体会到的所有感觉，它们也给我带来了很多经验……我拥有我的身体，我的身体不是我的全部……到底是谁在观察我身体上的这些感觉呢？"

不要试图去回答这个问题，只要留心观察所有你注意到的人或物，以及任何你觉得在观察你的身体感觉的人或物……

准备好之后，开始留心你可能感知到的任何感觉或情绪……思考一下那些生活中可能会激发你情绪的事情，然后观察每一次不同的体验给你带来的感觉……留心观察这些感觉出现在身体的哪个部位以及给你带来什么样的感觉……

默默地告诉自己，"我有感觉和情绪，并且它们会告诉我什么对我来说是重要的……我有感觉和情绪，但我的感觉和情绪并不是我的全部"……然后问自己："到底是谁在观察我的感觉和情绪？"同样地，请不要试图用言语来回答这个问题，就让你自己去感受是谁或在哪里观察你的感觉……

准备好之后，开始注意观察脑中闪过的所有想法和念头……不要试图评估或判断它们……也不要试图去深究或长时间地思考……那些闪过脑际的想法就像飞过沙滩的海鸥……对待它们的方式，就是既不要试图驱赶，也不要尝试挽留……你要做的就只是观察这些来来去去的想法……留意这些想法的多样性……大的、小的……重要的、无聊的……深刻的、肤浅的……记住你拥有思想，但你的思想并不是你的全部。

当你准备好的时候，问自己："能了解我的思想的人到底是谁？"

同样地，这次还是不要试图用言语来回答，而是做一个观察者，记住一点，只要你想，你就能观察自己的想法……

不要着急，慢慢来……

准备好之后，慢慢把注意力拉回到外面的世界……感受你的身体缓缓地舒展开……睁开眼睛，看看四周，观察一下你所在的地方……把你的注意力全部带回到外面的世界，花点时间把你的经历记录下来或者画下来……

✱ ✱ ✱

回顾观察者练习 II

在这次练习中，你觉得最有趣的是什么呢？

你是否能观察到身体的感觉以及你的情绪和想法呢？

你如何描述那个让你可以观察感觉、情绪以及想法的"观景台"呢？

你对这种能够观察自己的想法和情绪的能力有什么看法呢？

✱ ✱ ✱

把你的忧虑写下来

对自身观察能力的认识，有助于了解到自己不仅能够意识到并且还可能改变那些会诱发忧虑、焦虑和压力的思想和情感

模式。现在，你可以开始通过记录下你的忧虑来区分它们了。

记录下你的忧虑，能帮助你弄清它们的类型和来源，也能帮你将它们分类并按优先顺序排列。首先，你需要纸和笔、一台电脑或者其他能够记录的方式。

设置一个 10 分钟的计时提醒。计时开始时，快速写下所有让你忧虑的事情，顺序不分先后。不用考虑事情的大小、重要还是琐碎、值得或不值得忧虑，你只需要把每件让你担心的事情写下来即可。假如时间还没有到，你就已经写完了，那么你就再认真思考一下确保没有任何遗漏。要是你实在想不起什么了，那也没关系；倘若时间到了，你仍没完成，这也没关系。你就用你写好的内容来进行这次的练习，之后再重复做这种练习直到你把所有忧虑都写上为止。

✱✱✱

控制好你的焦虑情绪

其实，光是思考并记录下所有烦恼这件事情本身就会让人有些许焦虑，但这是减少忧虑的一个必要步骤，请坚持一下。

假如在记录过程中，你感到紧张或焦虑，深呼吸，扫描一下你的身体。给自己身体的紧张程度打分，你能忍耐的极限是多少呢？

用你学过的放松技巧来缓解你的紧张直到你能够继续记录为止。使用腹式呼吸、放松肌肉，待在你心中的那个宁静的地方直到焦虑度下降到可控水平（10 分为最高，大部分人的可控水平在 3 分、4 分或更低）。

花尽可能多的时间来完成你的清单。不要着急，累了就休息一下，之后再继续写直到全部完成，或者你可以中途再次休息。中间休息时间是你练习放松技巧的好机会。要是你发现在面对忧虑时，你还能够放松下来，就说明你已经渐进好转。

★★★

给你的忧虑分类

现在，你已经写好了一份忧虑清单（别担心，在练习过程中，你可以随时添加新的忧虑），拿出一张纸或者在电脑上打开一个新的界面，分成三列（如表 4-1 所示）。左侧一列写上"可能改变的"，中间一列写上"不确定的"，右侧一列写上"无法改变的"。

表 4-1　忧虑分类表

可能改变的	不确定的	无法改变的

你应该能猜到接下来要做什么了吧。把忧虑清单从头至尾浏览一遍，然后把它们各自填到相应的栏目中。把所有可能改变的忧虑填到左侧那栏。不论你是否真的打算采取行动解决这个忧虑，也不论这个忧虑解决起来困难与否，将所有你能够改变的忧虑都写到那一栏中。

将所有你无法改变的忧虑都填到右侧那栏中。你也别寄望于那微乎其微的可能性来改变现状。我们过后再来讨论可视化和关注度的问题。现在，这栏就专门用来填写那些无法通过身体或精神上的行动去改变的事情——例如，时间的流逝、天气、芝加哥小熊队赢得世界职业棒球赛的机会或者人难免一死这种事实。

将所有你无法决定到底是填在左侧那栏还是右侧那栏的忧虑放在"不确定的"那栏。在你完成分类之后，再用 5 分钟左右的时间浏览一下中间那栏，思考其中某个忧虑是否有改变的可能，如果可以的话，把这一条忧虑移到左侧。将所有你在想象中都觉得不可能改变的忧虑移到右侧。如果还有不确定的状况，就将其留在中间。

这一简单的过程有时能带来有趣的见解。在我的解忧课上，有位名叫蕾切尔的学员发现，尽管自己在"无法改变的"那一栏一片空白，她却还是没有时间去处理"可能改变的"那栏的内容，因为她总是忙于帮助别人解决问题。其他班上成员都惊讶于自己"无法改变的"那栏中的忧虑如此之多。对于他们中的一些人来说，仅仅是看着忧虑清单中"无法改变的"内容就能少一些忧虑。

在你把忧虑分类好之后，浏览一下每一栏的内容，在每一项旁边用 0 到 10 之间的数字给每项忧虑带给你的烦恼打分。10 代表这项忧虑给你带来了巨大的痛苦，0 则表示它对你完全没产生任何影响（或者表示它根本不应该出现在表格里）。

这有一个示例，是关于班上另一位成员亚瑟的。亚瑟有许多问题要处理，他甚至几度觉得自己就要崩溃了。亚瑟是一名 58 岁的牙医，他有一份称心的工作，但在金融投资中遭遇了几次失败。在股市崩盘以及房价暴跌 40% 之后，他的养老金计划几乎化为泡影。

亚瑟的体重严重超标，胆固醇和血压都偏高，还有一些心脏病的早期迹象。他的儿子已经 32 岁了，但是到现在还没有明确的人生规划，大学读了 5 年多，毕业之后做了许多低水平的工作，其中还穿插着很长的失业期。亚瑟一直在经济上资助他，但两人之间的关系很紧张。另一方面，他的女儿在大学里学习一直名列前茅，但她却想成为艺术家，亚瑟担心她能否以此谋生。就在股市崩盘前，他还觉得很幸运能拿到大学贷款，但现在这 8 万美元的贷款却变成他额外的债务。

他已经结婚 28 年了，他很爱自己的妻子，但是妻子常因为金钱方面的原因向他抱怨，尽管如此，她并没有自己出门赚钱的打算。在危机之后，她也没有改变消费习惯，还是跟以前一样开销，没有省钱的计划，甚至对亚瑟的窘境也毫不关心。

最让他烦心的是 84 岁的母亲开始有了痴呆迹象，他和其他兄弟姐妹已经开始讨论，一旦母亲的状况变差，谁来负责照顾。

在讲述自己的忧虑过程中，他不断地搓着双手，强忍住泪水。他觉得自己一直在和抑郁做抗争，睡眠质量也不好，这让问题变得更加棘手。

我让亚瑟把他忧虑的事情列个单子，不用对它们排序或评判它们。他完成之后的单子是这样的。

1. 母亲的健康和对母亲的照顾
2. 收入与支出
3. 继续工作的能力（自己的健康）
4. 妻子的花销
5. 儿子养活自己的能力

6. 女儿的未来

7. 房子的价值和投资的价值

然后，我让他做一遍上面的分类练习，并给他的忧虑从 0 到 10 打分。他将自己的忧虑进行了分类，具体内容如表 4-2 所示。

表 4-2　亚瑟的忧虑清单

可能改变的	不确定的	无法改变的
收入 / 支出 10	继续工作的能力 10	母亲的健康 4
母亲的照料 8	妻子的花销 6	房子的价值 4
投资的价值 8	儿子养活自己的能力 6	
	女儿的未来 6	

有趣的是，亚瑟本来给"无法改变的"那栏下面的两项忧虑都打了 8 分，但是当他真正将它们填进去时，他将其降成了 4 分，他说："既然我都已经无法改变它们了，那担心又有什么意义呢？"

★★★

亚瑟的内在智慧

因为亚瑟的清单中"不确定的"那一栏中还有很多重要的

事情，所以我请他踏上一次内心之旅，让他想象自己与一个智慧慈爱的人接触，而这个人就代表着他的内在智慧。父亲的意象立刻出现在他的脑海中，尽管他的父亲已经过世，但父亲在世时给了亚瑟许多关爱和可靠的人生指引。因为与过世的父亲在自己的想象中见面，亚瑟显得非常激动，他也惊讶于这近乎真实的感觉。我提醒他对出现的父亲意象表达感谢，然后让他询问是否能帮他想想解决问题的办法。

在回顾亚瑟的清单时，父亲似乎在表达，他明白要承担这些责任是很艰难的。他曾经也有过这样的经历，在大萧条时期，他也非常害怕，但是他明白自己必须坚强，因为他是很多人的依靠。他告诉亚瑟，这是一个男人要为家庭承担起的责任，他为他感到骄傲。

父亲对他说，他应该要把"继续工作的能力"移到"可以改变的"那一栏去。最重要的是，现在开始，亚瑟应该从身体上、情绪上、精神上要照顾自己。体育锻炼、改善饮食、找寻尽可能多的情感支持，这些都有助于他改善睡眠质量，让他充满活力并维持正常的工作。改善心境并接受挑战都能让他避免陷入绝望和抑郁。

父亲还告诉亚瑟，在对待儿子的问题上，他必须用温柔的态度清楚明白地让儿子知道，他接下来不仅要自力更生，还要回报家庭。他说，让亚瑟的儿子知道这个家庭需要他的帮助，这不仅能让他找到人生的价值，还有助于他发掘出自己的优点。

在亚瑟问询女儿的问题时，他的内在智慧告诉他，在情感上全力支持女儿追求自己的艺术梦想，但同时也要让她明白在追求梦想的过程中要想办法养活自己。

这是一次漫长的内心对话，亚瑟有点累了，他的父亲答应下次再来。在表达感谢之后，亚瑟把注意力拉回到了现实。

之后，尽管对于降临到他家庭中的所有困难还是让亚瑟感觉很悲伤和不安，但他不再感到茫然无措了。他开始有规律地锻炼，减少食物的份量，也不在晚餐时喝酒了，不久之后，他的睡眠质量提高了，心情也变好了。正因为感觉良好，他也更有自信，同时也庆幸自己不仅能为患者提供高质量的服务，还能维持生计。他发现，经常进行放松和冥想练习能让他受益良多。冥想中，他常常想象和父亲在一起，一切顺利时，他们享受彼此的陪伴；而当问题出现时，他能寻求父亲的指导。

当你无法解决自己的忧虑时，充满内在智慧的冥想是非常有用的。下一章里会有相关介绍。如果有什么是最令你感到烦恼的事情，那么就开始冥想吧。

★★★

看清忧虑后该做什么

浏览你的清单，找一个你最想解决的忧虑。假如有一个问题一直困扰你，或者这个问题比其他任何问题都重要，那么你首先就应该解决它。如果没有哪个是最重要的忧虑，那么就在评分 5 到 7 的忧虑中挑选一个来进行练习。

假如你选择解决的第一个忧虑是属于"无法改变的"，那么请你直接翻到第 6 章去学习如何忘记它或者将它转变成为积极忧虑。假如它是属于"可能改变的"，那么请翻到第 7 章去学习如何通过有效行动来解决它。假如你最重要的忧虑属于"不确定的"，那么请看下一章，去寻求内在智慧的帮助吧。

THE W
ORRY SOLUTION

第 5 章

开启内在智慧

> 生而知之者，上也；学而知之者，次也；
> 困而学之，又其次也。
>
> ——孔子

chapter **05**

第 5 章

开启内在智慧

（扫码听练习）

用冥想开启内在智慧

（参见本书 108 页至 114 页）

有些忧虑错综复杂、盘根错节，令人无从下手，而其余的忧虑又可能牵涉到伦理道德的困境。因此，倘若你还不清楚如何应对你的忧虑，那么就让你的智慧用来帮助你理清头绪。智慧不仅能帮助你了解当前事态能否得到妥善解决，还有助于你决定是否应该采取行动。

尽管人们常说智慧随着年纪以及阅历的增加而增长，但如果有人建议为了能够更睿智地看待当下困扰你的忧虑，你需要再等上 30 年，这显然是不切实际的。相反，我要告诉你如何通过转变思维方式来发掘自己潜藏的智慧。

在词义上，智慧（wisdom）和视野（vision）同宗同源，可见，智慧不是聪明就够了，智慧更多的是能够以更广阔的视角来看待问题。用更广阔的视角看待问题，能让你更加充分地了解事态发展并做出更好的决定。智慧的人能够在充分考虑道德伦理的情况下，同时调动理性与感性进行思考。这是一种调动了全脑的作用而获得的视角。上一章中我跟你们分享了亚瑟的故事，他的经历完整地展现了一个聪明人被忧虑击倒而变得

不知所措，之后借由内在智慧来帮助自己有效地解决忧虑的过程。

想一想，那些在你看来很睿智的人，不论你是否认识他们。这些人还有其他优点吗？这些人有没有共同的优点？在提出建议时，他们的思考是机智快速的还是更加深思熟虑的呢？

根据我的经验，在提供建议或指导时，睿智的人并不如反应快速机智的人那么能言善道。这也许是因为他们是从一个更为开阔的角度在倾听，或许是因为他们更了解什么才是真正重要的，也或许仅仅只是因为他们需要更多时间来思考，去搜寻思维间隙里的智慧。一些脑部研究专家认为，从生物学的基础来看，年长的人更智慧不仅仅只是因为他们的阅历更加丰富，还因为随着年龄的增长，修剪大脑细胞能够增加大脑中重要的情绪记忆所占的比重。大脑不再存储那么多无关紧要的长期情绪记忆。因此，睿智的人不仅拥有智慧，而且他们的智慧体现的是更远大的——大多是情绪上相互关联的——图景。睿智的人看到的不仅仅是一棵棵孤立的树，还有森林以及森林周围更广阔的区域。

当你为智慧腾出一点空间时，智慧会更容易出现。我们可以说，智慧闪现于思维的间隙，因此，让我们的思维平缓下来，拓宽思维之间的间隙，为智慧预留出更大的空间。当你被忧虑困扰、精神混乱时，你可以利用之前学习过的放松技巧来安定心神。一种叫做脑电图仪的医疗仪器能够测量你大脑中的放电速率。当你积极地解决问题时，你的大脑会以每秒 24 到 42 次的基准水平运转，主要动用的是大脑中的"思考"部分。一旦你开始深呼吸，将身体调整到放松或者冥想模式，大脑速率就会降至每秒 10 到 12 次，而且随着速率的继续降低，所有非言语部分的信息都会以图像、情绪和直觉的形式呈现。思考脑的活动水平降低，有助于情绪脑或直觉脑释放出较为平静的信息。设想一下，你正以轻松且清醒的状态和一位睿智友善的向导待在一起，这能为你的内在智慧创造出一条流动的通道。

尽管如此，在你走进内心去见你的内在智慧之前，让我们来想几种能够连接智慧的方法。

✶ ✶ ✶

智者箴言

你是否曾经注意到，给别人提个好建议其实很容易。你甚至可能还发现，越是不熟悉的人，你就越容易提出很好的建议。这在一定程度上是因为如果对方是你的好朋友、亲人或者你自己的话，你更容易受到情绪反应的影响或限制。你一旦因

某个事件而变得过于焦躁时，你就很难做到置身事外、冷静思考，也就很难利用自己的内在智慧来给出合理的建议。

通过与你认为睿智的人进行沟通，能够让你在评估或解决忧虑时变得更加智慧。当然，根据忧虑的性质，你要选择能在你需要时给你信心的人，能让你袒露心声的人，认真倾听并思考他们的箴言和建议。花点时间来判断这些对于你来说是否适用。当然，是否遵照建议行事最终还是取决于你自己，但倾听他们的观点并观察自己的反应能帮助你理清头绪。

***

大师们的智慧

假如你身边没有什么睿智的人，那么你可以考虑寻求专业人士的帮助。但在你花钱之前，花点时间想象一下，如果这件事发生在睿智的人身上，他会怎么做呢？挑选一位你眼中的智慧和慈悲的典范，不论是真实的还是虚构的、在世或已故的，设想一下，如果你有机会同他交流，他会给你什么样的建议呢？

在希拉里·克林顿（Hillary Clinton）还是美国第一夫人时，她透露，有时当她因某些事件困扰时，她就会设想如果是埃莉诺·罗斯福夫人（Eleanor Roosevelt）面对这些，她会怎么做，这样的思考有助于她做出正确的决定。这种想象力投射是一种极其高效的用于解决问题的方法。

埃莉诺·罗斯福夫人是一位杰出的、受到广泛尊崇的第一夫人。她不仅道德高尚，同时也坚定不移地投身于公益事业。在遇到困难时，希拉里将埃莉诺投射到当下情境中来思考她可能的做法，这无疑是给她的处境点亮了一盏崭新的、珍贵的明灯。思考榜样的智慧，能够开阔我们的思路，为我们寻找到被忽视的可能性和解决办法。这就是榜样的力量——让我们变得更强大、更加睿智、更加高效。

★★★

回到你的内在智慧

尽管思考睿智的人的做法有助于我们获得某些智慧，但更好的做法是回归自己的内心，向我们的大脑更深层、更安定、更智慧的部分寻求帮助。毕竟，大脑伴随我们经历了所有的一切，能够从我们的经历中汲取经验。除了那些发生在我们身上的事情，我们还可以通过观察别人如何解决问题、阅读书籍、观看

电影和电视、浏览报刊杂志以及追踪时事新闻来获取大量的知识。不仅如此,我们还继承了经历了几百年进化发展的大脑模式。通过定期放松和意象法来放缓思考脑的节奏,从而挖掘出蕴藏在直觉深处的智慧宝库,这些智慧将带给我们意想不到的帮助。

玛德琳,28 岁,职业是秘书,她来找我时患有严重的偏头痛。我们曾经一起共事过,因此,我指导她采用简单的渐进式放松技巧,让她将注意力直接集中在她的疼痛上,鼓励她邀请一个智慧友善的意象进入她的大脑来告诉她一些关于疼痛的有用的知识。

她想象有一只大八哥站在她的头顶上,不断地啄她头疼的地方。"它为什么这么做呢?"她问我,我建议她直接问八哥并想象它能回答她的问题。让她惊讶的是,八哥真的回答了,"为什么不呢?所有人不都找你茬吗!"

玛德琳突然哭了起来,她告诉我,前一天她无意间听到有一个同事在咖啡间里取笑她。她一开始很生气,但是突然一阵恶心袭来,她就出现了偏头痛先兆。之后,她回到家,但偏头痛愈发剧烈,最后发展到她必须来接受治疗的程度。

在她的意象对话中,八哥同意和她一起来了解并预防头痛。尽管没有接受其他任何干预治疗,但在意象结束时,她的症状已经基本缓解了。

与八哥的内心对话反映了玛德琳长期以来的自卑以及逆来

顺受的处事方式。八哥告诉她，压抑自身的愤怒是她头痛的主要诱因。我向她推荐了一位很好的治疗师。不久之后，她不仅能正视自己的需求和感觉，还能很好地表达出来。她不仅治愈了自己的头痛，还变得更加快乐，从而走向更成功的人生。不适感让她开始关注内心，当发现自己内心的真实感受时，她也找到了迈向更好的生活所需的智慧。

★ ★ ★

聆听自己的内在智慧

到目前为止，你已经学会如何运用想象力来专注于美丽宁静的意象，进而让自己放松。现在，是时候来学习如何使用想象力的接受能力来挖掘你更深层次的智慧。你将会从内心的平静中得到放松，并邀请代表你内在智慧的意象一同到达那个内心安宁的地方。内在智慧的意象（你可以找不止一个人）将代表你的本能、直觉以及你大脑中非理性区域所有的相关智慧。

你可以想象这个意象以任何形式出现，包括人、动物、精神、宗教人物、植物、卡通、电影人物或其他任何你脑海中出现的形式。不要试图预先决定潜意识会浮现怎样的意象。也

许是熟悉的人或完全出乎意料的事物。不要纠结于它如何出现——对于一些人来说，这仅仅是一种与某种智慧或有益的事物接触的感觉或感受。在冥想中，我们将仔细检查这个值得信赖的导师身上是否有我们最需要的智慧、关怀和支持。

★★★

提前准备好问题

在面对你的内在智慧之前，花点时间想一想，如果你真的要去见一位睿智友善的导师的话，你会问什么。基于本书的目的，你需要在"不确定的"那栏中挑选一个忧虑，与你的内在智慧进行讨论。最简单的问题是，关于这个忧虑你还能做些什么。如果发现你确实可以做些改变，那么与内在智慧讨论可能的做法。如果你对此无能为力的话，那么就寻求一个可以接受它的办法。

你可能会发现，一旦你感觉很放松并认真与意象对话，你的状态就会改变。这非常好。把整个过程当成一次探索，你既要观察这个过程也要参与其中。让内心的对话展开，记住，你可以不赞同它给的建议，你也不必承诺要采取任何行动，你要做的只是为了更深入地、睿智地思考问题。

你会有很多机会思考你所接收到的信息，并做出最终决定。在这个过程中，你不要乱了头绪——事实上，你最好把问题扩展开，这样就有能力更好地处理你所经历的一切。

这可能需要至少 30 分钟时间来放松、意象冥想以及记录、画出或反思所发生的一切。如果能安排 45 分钟到 1 小时，效果会更好。

* * *

与你的内在智慧的意象碰面

一切准备就绪之后，放松自己，解开有束缚感的衣物，在身边放上纸和笔，告诉其他人在接下来的 30 到 60 分钟时间里不要打扰你，除非出现火灾或其他真正的紧急情况。

如果你想知道内在智慧会如何出现，它会说什么，那么你需要继续来探索这个意象冥想。和其他时候一样，你可以把这个文稿录下来听，或请人朗读给你听，注意在有省略号的地方暂停几秒，以便让意象出现或与你沟通。你可以随时随地收听，很快你就会找到合适的方法。

用冥想开启内在智慧

一切准备就绪之后，调整一个舒服的姿势，释放体内所有不必要的紧张感或者紧绷感。

首先，进行一次自然的深呼吸，用鼻子吸气，然后用嘴巴吐气。设想一下，你吸入的是放松的感觉，每一次呼气时带走的是紧张或不适……花几分钟的时间来练习腹式呼吸的节奏，保持呼气时间比吸气时间要长，每次吸气和呼气之后都要屏息……每一次的呼吸都让自己更放松……重复做4到6次……每一次呼吸都让自己变得更加放松……释放更多的压力……任何时候你想要更彻底地放松自己，你只要将更多的注意力集中到冥想上即可，用这种特别的方式呼吸，然后让自己放松下来，同时，将注意力集中到你每一次的呼气和吸气上……

现在花一些时间把注意力放在你身体的每一个部位，像之前那样放松……轻轻地闭上眼睛，把注意力集中到脚趾上……接下来是你的双脚……脚踝……让你的双脚和脚踝自然放松……接下来让双脚和脚踝继续放松……把注意力转移到你的胫骨和小腿肌肉上……请你的小腿也自然放松……然后放松你的膝盖和大腿上的肌肉……大腿以及大腿筋……释放所有不必要的紧张感……完全无需担心放松的程度如何……只要继续放松就可以了，让其成为一次愉快和舒适的体验，让你的双腿和双脚以及身体其他部位进入深度放松的状态。

现在轮到你的臀部、骨盆以及下背部区域，让整个下半身的身体自然放松……不必担心放松的程度如何……让放松的感觉自如地游走全身，无须刻意，让这成为一次愉悦舒心的体验。

接下来放松你的腹部，同时放松腹部各器官……放松背部和你的腰线部分……接下来放松你的胸部以及胸腔部位，让你的胸部和胸腔部位自然放松……同时放松胸腔内的各器官……接下来，放松肩部以及肩胛骨周围的肌肉。

随着身体一个个部位逐渐放松，想要更深入地放松其他部位就变得容易许多……接下来开始放松你的脖子和肩膀，让你的脖子和肩膀的肌肉自然放松，想象有一股放松、愉悦的感觉流经你的手臂，穿过肘部、前臂、手腕、手……一直流到每一根手指、手掌和拇指的指尖……舒服自在地放松。

随着身体的放松，头脑也会变得很安静，同时也会警觉和清醒……现在把注意力转移到头皮和前额上，放松头皮和前额，感觉这里变得柔软、自在……下面开始放松你的眼睛周围的小肌肉，释放所有无需承受的紧张感……脸部肌肉开始放松……接下来放松你的下颚肌肉……放松你的舌头……你的上下两排牙齿也许会不自觉地分开，这是完全正常的。

继续轻松地呼吸，如果感觉到你哪些部位还没有达到深度放松的舒适状态的话，找到让它们达到更深度放松状态的方式。

当你准备继续进行深度放松，并准备了解一些与你的焦虑有关的重要事情时，想象自己将要去一个异常美丽、安全、舒适的地方……也许是一个你曾经到过的地方，或者只是当下出现在你脑海的某个地方……无论是哪一种都可以，你只需要选择一个对你来说非常美丽又安全且让你觉得舒服自在又安宁的地方。

想象一下，你现在就身处那个让你心旷神怡的地方。如果你脑海中出现好几个地方，只需选一个最吸引你的，然后想象你现在就在那里……留心你看到的一切……颜色……状态……以及在这个美丽的地方看到的一切。

留意一下，你是否有听到任何声音或者也许那里是寂静无声的……也许你闻到了某种香味，或者空气中传来的特殊气味……不管你注意到了什么都可以……只要留心你所注意到的……注意感受那里是什么时间……天气如何……是什么季节……什么季节都好。

尤其要注意在这个特别的地方你的感觉如何……你感觉到舒适、宁静或放松了吗？用自己的方式来享受这些感觉……哪也不用去，什么也不用做，让这种轻松自在的感觉来得更强烈一些，用心体会，让这里变得更舒适，让你在这里变得更自在。

一切准备就绪之后，请能代表你内心智慧的形象出现，这应该是一个十分睿智又善良的形象……真诚地邀请并接受出现在你脑中的形象，无论是否符合你的期望……也不管是不是你认为合适的……让自己暂时接受出现在你内心的这个形象……这个形象可能是你完全陌生的，也可能是你熟悉的，都可以……只要它有爱心，它是友善的、睿智的……它可能会以任何形式出现，也许是一个人、一种动物、一位宗教人物、一棵树、一个卡通人物或其他任何东西……暂时接受它的样子，并花点时间仔细观察它是如何出现的……

当你在观察这个形象时，留意自己的感觉，你和它在一起是否觉得自在，它是否看起来很友好和善……

如果你因为任何原因感觉它似乎并不是那么友好或者乐于助人，或者你和它在一起感觉很不自在，那么请把它打发走，换一个让你觉得友好和善的形象来帮助你……

到你的想象中去感谢那个前来帮助你的形象，并邀请它与你一起在那里融洽地相处……让它回应你，并且放松下来……当你们相处融洽之后，想象你开始询问它的名字……想象一下，它会告诉你它的名字……接受它说的名字……想象一下，你与这个形象能够轻松自如地交流……

也许是因为它很直截了当，也许是因为你对它所表达的能心领神会……

准备好之后，开始向它询问你忧虑的那些事情……然后注意它的反应……它也许会直接告诉你，也许会通过心灵感应与你交流，或者它也许会通过示意来表达……无论它是如何回应你的，你要做的就是接受……

　　一旦你听到你的内在智慧的回应，你就需要用一些时间来思考你所听到或理解的……接受它的建议，就好像它来自一位你信任并且尊敬的睿智的老师或精神导师……

　　如果有任何不理解的事情，你可以直接去询问你的内在智慧，并让它对你的每一个问题都做出回应……继续讨论，直到你觉得你已经完成了你现阶段所能学到的所有东西……你只需要提出你的疑问，然后认真聆听对方的回应……

　　在你觉得你已经完全理解今天的指导之后，你需要几分钟时间来理清它是否有助于解决你当前的忧虑……或者说你是否学到了可以帮助你解决问题的方法……

　　假如你的内在智慧建议你立即行动来解决这个忧虑，那么你最好现在就花上几分钟时间，想象一下，如果你采纳了这个建议，该怎么做……想象一下，如果你把这个建议运用到当前的情况下会是怎样。

　　在你依照它的建议或指导付诸实践之后，是否出现了任何问题或障碍……如果这些问题出现了，想象一下你是如何用健康和有建设性的方式处理这些问题的。

　　如果你还需要一些额外的帮助来解决这些问题或障碍，问问你的内在智慧你该怎么做……请记住，这个形象在这里可以帮助你做出创造性和明智的选择，以解决和减少你的生活中忧虑的来源。

　　你只需要回到那个安全的内心世界，并邀请内在智慧进入你的意识，你就可以随时继续与内在智慧会面，因此你们可以一起讨论问题，并且你也可以得到它的回应……认真聆听它对这些问题的看法。

当然，当你把这条建议带回到现实生活中时，你还需要认真考虑，然后再做出合适的决定……你可以决定是否要采取任何行动或是继续进行对话，直到你找到最适合你的解决方案。

在你结束今天的对话之前……看看你是否还有什么疑问，如果有的话，那就直接问它……并让它回应你。

花几分钟时间来静静地回顾这次的会面……注意你是否对你今天纠结的问题已经有所了解了……要特别注意那些你想要记住的或者要带回现实生活中的建议和指导……

在将注意力拉回现实之前，请务必要向你的内在智慧表达谢意，谢谢它今天的陪伴……谢谢它愿意帮助你解决问题……如果你对今天讨论的问题还不是完全了解的话，那你就去问它是否能再多谈一会儿，或者另外安排一次会面……然后你可以为下次会面安排一个双方都同意的时间……

暂时与你的内在智慧告别，你可以选择任何你觉得合适的告别方式……让它慢慢消失……然后，你还可以再次欣赏这个美丽安宁的地方……在回到现实之前，再次回想你要记住的内容……

让所有的意象回到它们原来的地方，然后慢慢地把你的注意力拉回现实，把你所学到的东西带回来，无论是重要的还是有趣的，把所有你想记住的事情带回来。

> 当注意力回到现实时，你完全地回到你的身体，轻轻地舒展开，微笑，并带着你最重要的记忆……
>
> 睁开眼睛，环顾一下你的房间，回到现在的时间，完全清醒……花点时间把你的经历、你所学到的以及所有你想到的问题记录或者画下来……
>
> 记住，任何时候只要有困扰你的事情时，你可以随时回到这个特别的地方，并与你的内在智慧进行交流。
>
> 现在，花点时间来记录这次你与内在智慧的会面。

★★★

回顾开启内在智慧的冥想

花点时间记录或画出这次的冥想经历。然后思考下列问题，来帮助你更好地理解你可能遇到的建议或智慧的本质。

- 对你来说，最感兴趣的是什么？
- 你的内在智慧的意象是什么？
- 它看起来很睿智吗？你是如何判断的？
- 它看起来友善吗？你在它的面前感到自在和安全吗？

- 你问了什么？
- 它是如何回答的？
- 你又是怎样回应的？
- 这次的经历对你有什么意义？
- 你从这次经历中收获了什么？
- 关于你担忧的问题，它为你解释清楚了吗？
- 下次会面时，你有什么问题要问它吗？
- 关于这次的经历，你还有其他要说的吗？或者还有什么问题要问吗？

★★★

现在需要采取行动吗

假如你发现这次冥想关注的问题是你有办法解决的，那么把它填到左边那一栏中；如果不是的话，就填到右边那一栏。假如你还是不确定的话，另外再安排一个时间与内在智慧会面来继续讨论，直到你有结论或者决定现在不采取任何行动为止。如果你还想就同一个问题与内在智慧讨论的话，最好先等上几天。在这几天时间里，你的无意识思维会继续思考这个问题，通过不同的方式你会得到更多信息。你也许会做一个有关

它的梦，也许会注意到之前被你忽略的细节。这几天，也许还会发生同样的事情；也许会有人对此提出了解决问题的办法，或者也许你会看到与此相关的电影、电视节目或者杂志文章。记住，你的无意识思维一直在尝试解决这个问题，所以在出现有用的信息时，你就能很快将其分辨出来。

几天之后，如果你仍然被这个问题困扰着，你可以回到你的意象中继续与你的内在智慧讨论。

一旦你已经解决或理清了困扰你的问题，再从中间那一栏里选择另一项忧虑来与内在智慧进行下一次的会面。如果你的其他两栏中有更重要的忧虑，你也可以就这些问题向内在智慧寻求帮助。

当你顺利完成一整套区分、解决或者接受忧虑的过程后，你会发现这个过程变得越来越容易，也越来越自然。花点时间慢下来，放松，然后，随时与你的内在智慧保持联系，从而帮助自己整理思绪。

THE **W** ORRY SOLUTION

第 6 章

将"消极忧虑"转为"积极忧虑"

你要做的是摆脱消极，积极起来，聆听肯
定的声音……

——强尼·莫瑟《强调积极》

第 6 章

将"消极忧虑"转为"积极忧虑"

（扫码听练习）

积极忧虑意象

（参见本书 137 页至 142 页）

整日不光为了那些无能为力的事情而忧心忡忡，还会因为结果事与愿违而惶惶不安，这就是我所说的"消极忧虑"，同时，也是忧虑最糟糕的表现方式。因为这样的忧虑不仅让你不能解决问题，还会耗损你的精力，更糟的是，你还会因此陷入恐慌、抑郁的状态，不停地纠结，然后一遍又一遍地在心中反复推演这些忧虑。其实，你这么做完全是在预演自己的失败。所以，我要教你一些方法，其中有些方法可以让你摆脱消极忧虑，而有些则能够让消极忧虑彻底蜕变，成为有益的思考方式。

伊丽莎白，49 岁，是一位很有魅力的中年女性，她的婚姻很幸福，有两个健康的孩子，孩子们都已长大成人，事业也都很成功。她家的房子很漂亮，位于一个治安很好的街区上。得益于丈夫经济上的成功，她可以整日待在花园里做园艺（她的爱好），经常约朋友共进午餐，到社区中心做志愿服务，做做运动，还能有时间去看望她的孙子、孙女以及她年迈但身体还算硬朗的母亲。伊丽莎白的身体很好，但她发现随着年龄的增长，她忧虑的次数也与日俱增。"我知道我大多数的担忧是多余的，但我就是忍不住，"她向我抱怨说，"我总是为我的孙子、母亲、孩子们、环境、经济、未来和世界各地人们遇到的问题忧心不已。即使到了夜晚，我也没办法停止思考，所以现在连睡觉都成问题了，我到底怎么了？"

主治医生为伊丽莎白进行了一次彻底的身体检查和实验室筛查，给出的诊断意见是"身体健康但精神焦虑"，同时建议她进行专业咨询或考虑服用抗抑郁药物。伊丽莎白的健康意识很强，她不太喜欢将服用药物作为她的首选方案，因此，她决定向我寻求帮助。我首先给她做了一些营养测试，测量了她的激素水平。这些测试对于她这个年龄的女性来说是必不可少的，因为围绝经期时雌激素水平的降低或波动都有可能引起焦虑和忧虑水平陡然升高，围绝经期是指绝经前的几年时间。雌激素水平的降低或波动会导致失眠、注意力不集中、记忆力减退，而这些症状都会破坏女性的幸福感和自信心，同时还会加剧忧虑倾向并最终诱发焦虑。

结果显示，伊丽莎白的激素水平其实是正常的，所以我们就一些她担忧的事情进行了交谈。随后，我引导她通过与内在智慧对话进行了一次忧虑分类的练习。她发现，在她担忧的事情里，确实有一部分是她力所能及的（例如，她决定借助她的教会项目来资助一些非洲的孩子，同时号召教区里的其他居民共同参与），但最终她还是明白了，其实大多数困扰她的事情都是她力所不能及的，她需要学会的是放下那些忧虑或者改变自己的思考方式。

★ ★ ★

"放下"的仪式

我请伊丽莎白自创一种仪式，这种仪式象征她做出的选择——放下那些力所不能及的忧虑。每一种宗教和思想传统都会有仪式，你也可以自创仪式。仪式可以有多样的表现形式，可以是外在的别人能够看见的肢体动作，也可以是内在的只存在于自己的安静的精神世界里。

整个"放下"的仪式其实很简单，想象你的拳头里紧紧攥着一个忧虑，然后打开拳头，放开那个忧虑，你还可以加上诸如"我现在释放了我对 XYZ 的忧虑"这类的话，或者更简单直接地说："终于摆脱了。"你还可以运用心理意象让整个过程的仪式感更强，例如，想象一下，你把忧虑喂给了饥饿的鸟儿，它们狼吞虎咽之后便飞走了，或者你把忧虑绑到了五颜六色的热气球上，看着热气球慢慢飞上蓝天远去直到从你的视野

中消失。

对一些人来说，实践这种"放下"的仪式是至关重要的，他们需要把自己的忧虑写下来，然后再寻找一种释放它的方法。例如，一个女人把她的忧虑写在了长长的草叶上，然后把它们放到小溪中，看着它们顺着水流漂走，直到从她的视野中消失。你还可以选择把忧虑写在纸上，然后到一个安全的地方把那张纸烧掉，看着忧虑随着浓烟飘走。你的仪式可以简单，也可以复杂，随你喜欢。我认为，忧虑越大就越难放下，仪式也会越复杂。

假如有一个忧虑已经困扰你很长时间了，显然，它对你来说非常重要，那么你就应该给予它足够的重视，花点时间去慢慢感受这个"放下"的过程。无论你是打算举行一次外在仪式还是像在本章后面会学到的积极忧虑意象那样的内在仪式，你都会对自己的反应感到惊讶不已，因为当想象着放下一直困扰你的忧虑时，你竟然会在感到轻松的同时，还会有些许悲伤。在我看来，悲伤是因为尽管你在尝试着接受自己对此无能为力的事实，但毫无疑问你仍对此抱有一丝希望。你为放下一些重要的东西而感到悲伤，这也是正常的，正如你必须放下那些让你无能为力的忧虑一样。

你会发现，这个练习的优点在于，它不需要你放下期待事情能迎刃而解的愿望。事实上，它鼓励你把精力集中在翘首以待的结果上。因此，它不仅能稍微缓解你内心感到力所不能及的痛苦，还可以让你继续盼望并祈祷结果能遂心如意。从本质上说，它是让你在无能为力的情况下有所作为。这种方法给你带来的感觉就像白天与黑夜一样截然不同。

***

消极忧虑带来的错觉

我之前提到过，忧虑是人类思维与生俱来的本能。正是由于忧虑具有很强的适应性，在解决棘手的问题时，我们才能灵活自如地应对。但同时，我们也明白，忧虑很容易从一件被人类利用的工具变成一个左右人类情绪的统治者，进而演变成一种不良的心理习惯，甚至还可能让人上瘾。而会发生这样的变化，归根到底，是因为即便当我们为那些无法改变的事情忧心忡忡之际，忧虑还能给我们带来心理上的回报。

忧虑带来的第一个心理回报就是它制造了一种错觉，让我们觉得自己好像握有控制权。因为当我们在为某事惴惴不安时，忧虑给我们制造了一种至少自己正在努力控制或解决这件事的感觉。有一个尽人皆知的故事，一位老妇人每天要绕着自己家的房子散

步三次，散步时她总是抱着一捆树枝喃喃自语。有一天，一位新来的邻居就问她在做什么，她回答说："我要让老虎远离我的房子。"邻居说："但这里是印第安纳州，并没有老虎啊。"这位老妇人听到后说："你瞧瞧，我成功了！"

老妇人一厢情愿地认为正是由于自己的努力让老虎消失了，而她也因此感到十分欣慰。忧虑带给我们一种自己正在努力解决问题的感觉，即使我们并没有采取直接行动。其实，只要你能够善用忧虑这个工具，同时你的"补救"措施不会影响正常生活，这便不是一件坏事。

当困扰我们的事情并没有发生（大多数的时候确实没有发生），这会给我们制造一种安全感，让我们觉得自己很强大。大脑可能会将忧虑过程和事情没有发生联系起来，然后解读成我们正在对形势施加某种控制。显而易见，这种"成功的"忧虑会让人产生一种不合理但十分强烈的感觉，那就是我们感觉自己有能力避开那些不好的事。这种无意识的感知可能会"鼓励"我们，使我们愈加忧心。

问题是，忧虑会让人有些心神不定，有时甚至会使我们胡思乱想、不受控制。更糟糕的是，当我们开始胡思乱想时，脑中就会出现许多自我暗示，而这些自我暗示都是我们臆想出来的。然后，一整天下来，我们几乎全部的注意力就会都转移到这些自我暗示上，它们会不断地消耗我们的精力，制造一种生活很艰辛的假象。

研究表明，当人们看到恐怖的图片，他们的焦虑水平会上升。因此，如果你经常想到可怕的画面或糟糕的后果，你的焦虑水平会飙升也并不足为奇。想象力失控会使你手足无措，与智慧绝缘——这是你不愿意看到的，因为越是面对紧张的挑战，你越应该保持比以往任何时候都更冷静、更智慧的头脑。

★ ★ ★

消极忧虑的保护功能

忧虑的另一个心理功能就是 "保护" 我们，忧虑能够转移我们的注意力，因为有些想法和感觉会比忧虑本身更让我们痛苦。忧虑可以延缓情绪上的痛苦，并使我们避免安于困扰与不安的情绪状态。

南希，34 岁，平面设计师，来自南卡罗来纳州，到旧金山来找寻代表这座典型美国大都市的创造力和包容力。她说，从有记忆以来，自己就一直很焦虑。她的童年并不幸福，父亲是个酒鬼，一喝酒脾气就会变得反复无常。有时只需几瓶啤酒或一两杯波旁威士忌下肚，他前一刻还轻声细语地说话，下一

秒就突然冲着全家人大喊大叫、恶语相向。虽然在她的记忆里，父亲从未对她或她的兄弟姐妹们动过手，但是他们仍旧整日提心吊胆，担心某一天父亲会突然间失控，伤害他们或他们的母亲。

南希曾向一位治疗师进行过咨询，她觉得整个治疗过程对她帮助很大。正是那次的治疗使她鼓起勇气离开家来到加利福尼亚，创立了自己的平面设计工作室。她的成功不仅源于自己的艺术才华，更源于她对细节的把握以及对客户需求的准确预判。而这些都得益于她常常杞人忧天的性格，正是由于这种性格特质，她从来不会错过有关客户服务和工作的任何一个哪怕最微小的细节。

她对我说，自己最大的问题就是她的脑子永远停不下来。她感到压力很大，总是疲惫不堪。尽管也曾修习过几次冥想课程，但她发现每当自己开始放松的时候，焦虑感就会愈发强烈，这使得她不得不睁开眼睛中断冥想。她尝试过许多不同的方法，包括生物反馈疗法，这种疗法是指治疗过程中会有专业的仪器设备显示身体如何对脑中的想法做出反应。生物反馈治疗专家注意到，她一闭上眼睛，设备就显示出她的身体迅速调整到高度紧张的预警状态。

南希告诉我，每当她开始放松时就感觉一股强烈的情绪直冲上脑，而这种情绪太过强烈以致她无法承受。有时，伴随着这些感觉出现的还有一些残酷的战争场面或者潜伏着的捕食者，而在其他时候，她仅仅只有恐慌的感觉，并没有任何画面出现在她的脑海里。

其实，南希患上的是一种被称为 "放松诱发焦虑症" 的心理障碍，约有 15% 的人会受到这种病症的困扰。不论他们以任何方式开始放松，甚至有时仅仅闭上眼睛，焦虑水平就会上升，而不是下降。有这种情况的人通常是在孩童时期受过某种创伤，导致其学会了对周围环境保持高度警惕。研究表明，受虐待或经常受到惊吓的孩子的大脑确实会发生变化。他们大脑中负责识别危险或威胁的区域会变大。这些幸存下来的孩子长大后会成为敏锐的观察者，他们对任何可能出现的攻击或危险的迹象都变得异常灵敏。他们的直觉都格外敏锐，大脑随时随地都在运行，并监测着环境中各种微妙的信号。

宾夕法尼亚大学的研究已经证实，忧虑有时能够避免人们想起那些带有强烈情绪或情感因素的意象或记忆，无论他们是否受到过创伤。这是因为一直担忧的事情会重复不断地盘踞在他们的脑海中，导致他们根本没有时间去纠结其他更让人心烦的、难以处理的情绪。因此，从某种意义上讲，忧虑就变成了我们的 "情绪卫士"，但是，你会发现，积极忧虑不仅能够取代忧虑完成保护工作，还能更胜一筹。

***

忧虑对人与人之间关系的影响

忧虑有时能为我们向所爱的人表达忠心，因为时常想念某人代表着我们真的关心爱护他／她。但是想念某人、给他／她寄贺卡或写邮件、希望他／她好、担心他／她，这些事情在心理上并不能产生等同效应。首先，不停地为某人担心，尤其是如果你让他知道你在为他／她担心，这有可能会让他／她觉得自己很没用。母亲操心孩子，即使是已经成年的子女，这样的担忧在某种程度上是正常的，也令人感动。但如果你已经45岁了，你的母亲告诉你外面冷，要穿暖和点，或者每次见你的时候都一脸忧虑，总要问你身体怎么样，这样可能会带来反效果。因为她并没有传达出她想要了解你的信息，相反地，她这样做似乎在暗示，你或许没有自理能力或者孩子气，以致你连什么天气穿什么衣服都不知道。对那些错误或者可能的错误，又或者将来可能犯的错误过于关注会让爱和关心蒙上阴影，失去交流的快乐。它还会成为沟通中的障碍，在爱的关系中筑起鸿沟。作为母亲（和我们所有的人一样），如果想和你保持最佳的关系状态，那么她就需要多注意她沟通的内容和方式，改善她的沟通技巧，同时意识到，她的沟通是带有多重含义的。

有趣的是，当我们在内心与自己沟通时，鼓励和劝阻自己行为的机会是相等的。这正是解忧的本质所在，即我们该如何从心理上审视和看待这个世界，我们在内心应该和自己说什么、想什么，以及怎么做才能有助于增强我们的自信心、创造力、高效性，并让我们保持乐观，而不是让我们陷入恐惧、无助、焦虑的状态。

***

消极忧虑的短板

那些习惯性的、无用的消极忧虑存在着诸多问题。首先，尽管我们之前讨论过忧虑的心理功能，但它还是会在紧张的情况下制造并放大焦虑和压力。位于佛罗里达大学的美国心理健康研究所（NIMH）情绪与注意力研究中心的研究显示，当人们反复看到那些令人不快的图片时，他们的焦虑水平会升高；其他的研究表明，当人们想要寻找并且更积极地对那些潜在的危险、威胁以及忧虑做出回应时，他们的焦虑水平也会升高。尽管研究人员选用的是真实的图片，但我们有理由认为，光是回顾那些与不良后果相关的内在意象和想法，也会导致同样的恶性循环。换句话说，你对不良后果的关注是在提醒你的无意识思维为这个结果预先做好准备。即使这些忧虑从未真正实现，但忧虑这个行为本身就会引发焦虑和身体的应激反应。

值得庆幸的是，其他的研究，特别是斯坦福大学的研究已经表明，引起焦虑的刺激和想法在大脑中有两条神经通路。一条是原始的生存通路，是从情绪脑直达身体的"快速轨道"路线，当我们感觉到危险时就会触发这条通路。其实这是一种瞬间发生的反射反应，一般在我们还没有反应过来的时候就已经结束了。举例来说，听到汽车爆炸的巨响，我们马上就会躲起来，即使我们都还不知道这是不是枪声。在同一时间，第二条神经通路就会向负责进一步处理相关信息的思考脑发送信号，然后我们才会知道有没有枪手。在意识到没有持续的危险之后，大脑皮层会向低级神经中枢发送明确的信号来结束"战斗或逃跑"反应。

你有没有曾经被你不知道躲在旁边然后突然冒出来的朋友吓到过？当下，你立刻会出现恐惧反应，但一旦你发现这是恶作剧的话，恐惧感很快就会消失。而你到底是该笑还是跟你朋友生气，这就取决于你到底是把它当作友好的游戏还是愚蠢、不受欢迎的噱头了。

重点是，即使我们的第一反应是快速的反射性反应，但思考脑也能够改变后续的反应，这说明我们有机会对最初的刺激重新做出回应。在第 8 章中，你将了解到杰夫瑞·施瓦兹（Jeffrey Schwartz）博士的一项重要成果，他证明了人的大脑可以在很短的时间内形成新的神经通路，而这条新的神经通路可以通过新的回应方式来取代或修正你脑中已经建好的使你忧虑的路径。

★★★

我们如何改变忧虑的方式

积极忧虑意象是一种想象或者转化过程，在这一过程中，你可以通过预想可能出现的最好结果而不是最坏的结果来转化那些无用的忧虑。这样做的话，会出现三种结果：（1）你关注的仍然是手头的问题，你并没有忽略它；（2）你的思想仍然被脑中的意象牢牢占据，也就不会给那些不期而至的想法和感觉留下空间；（3）你想的仍然是那些让你操心的人、组织或社区，所以你并没有忘记他们。不同的是，你关注的不再是最终令你大失所望的负面意象，而是让你翘首以待的结果。

因此，你不会失去忧虑给你带来的任何潜在的心理益处，

而且你的注意力从那些负面骇人的意象转移到了更为乐观正面而且符合现实的意象上。毕竟，希望和恐惧都是想象的产物。

在进行积极忧虑意象时，你往往感觉自己已经付出过努力了，因为你确实能做的事情也很有限甚至是没有。你已经明确了自己的意图、愿望以及决心，并且全身心地投入其中。正如你写剧本一样，你决定了剧本的最终结果，这个练习就是在帮你提前预演整个过程。其实想法能影响局势的程度是有限的，一旦你已经采取了行动，即使结果事与愿违，也不是因为你没有尽你所能，更不会是因为你心心念念了一个坏的结果而导致的。

★ ★ ★

如何减少或消除消极忧虑

一旦你已经认定某件事属于消极忧虑，那么你只能完成下面三件事。

1. 接受你对此已经无能为力的事实（或者你以后也无能为力），顺其自然。

2. 将其转化成为积极忧虑，将意图、愿望和祈祷全部集中到你翘首企盼的结果上。

3. 继续做你手头上的事情。

既然你在读这本书，那么我们认为，完全无所作为对你来说并不适合，所以我们可以选择摒弃或修正那些不良习惯，使其不再那么令人苦恼，甚至最后成为你生活中一股积极的正能量。

★ ★ ★

积极忧虑意象的效果

表面上，积极忧虑意象听起来显得过于简单，甚至有点荒唐，但它确实行得通——尤其是针对那些你现在不能或将来也不会去解决的忧虑。最初我是从同事瑞秋·雷曼（Rachel Remen）博士那里学习到这个方法的，她将其用于治疗那些向她寻求帮助的癌症患者。后来，我也将这种方法用于帮助找我咨询的癌症患者，它确实在他们身上发挥了很大的作用，这让我着实感到惊讶。毕竟，谁能比刚刚被确诊为癌症的人更忧虑呢？处于这种情况下，面对诸多不确定的因素，人们往往会感到无助和恐惧。

在做积极忧虑的意象练习时，首先应放松身心，再在脑海中浮现的一个美丽安全的地方进行一次内心之旅，这部分的放松练习可以参照前几章的内容。然后，回想一个你已经确认自己无能为力的忧虑，你应当承认这是你真实存在的忧虑或恐惧，也仅仅是一个忧虑或恐惧。换句话说，它只是一种思想和感觉，就跟你的希望一样并不以实物的形式存在。当你决定不再费尽心思去解决，或者纠结于这个令人不安的意象或想法时，你需要采用某种方式来表现这一选择。有一种很有效的方法，即在一个红色圆圈上划一道斜线来表示你删除了这个想法，当然也许你还能想出其他的方法。关键的一点是，你需要在脑中形成一个意象，这个意象代表着你排斥这种恐惧感，然后你的注意力会慢慢转移到另一个意象上，那个意象代表你满心期待的结果。这一注意力转移的过程再度加深了你对正面结果的期待，也更清楚地表明，如果你有能力控制事件的走向，结果应该会有所不同，那么除非你再次想起，否则这个忧虑不会再困扰你。

罗伯特是一位中年医师，刚刚被诊断出患有白血病。他对于这个诊断结果、预后以及治疗所面临的问题非常焦虑。他也曾试图对自己的病情保持乐观的态度，但他说，自从听到自己得了癌症的消息之后，他就惶惶不可终日。我把积极忧虑意象法教给他，他做得非常好。每次一焦虑或想到自己即将死于疾病，他就会先深呼吸，随后从心理上抹去那些令人不安的想法或意象，然后开始想象十年后他儿子的高中毕业典礼。他想象自己在那幸福的未来里看起来很健康，享受着与家人相处的时光，并对治疗结果如此成功心怀感激。他说，这个想象过程几乎立刻使他平静下来，并让他感到自己仍然能够控制即将发生在自己身上的事情。这个过程每次只花了不到一分钟的时间。他越是焦虑不安，他就越积极地做这个练习。正是由于这个简单的方法，罗伯特与其他有相似境遇的人都受益匪浅，为此他们也频频向我表达感激之情。

倘若这个意象导引法对罗伯特都能有效的话，毕竟他的忧虑和焦虑不是常人所能承受的，那么想象一下，如果你的烦恼不像罗伯特的那样令人胆战心惊的话，那么这个技巧在你身上应该会有立竿见影的效果。假如每次不期而至的忧虑出现时你都能将它转化成为"积极忧虑"的话，那么很快你就会驾轻就熟了。如此一来，你就会把注意力更多地集中在实现你的愿望上，而不是被恐惧感困住，你的感觉也会变得更好，这些甚至可能会对最终的结果产生影响。

希拉总在为她 14 岁的儿子马克牵肠挂肚，担心他没办法应对繁重的课业负担以及高中生的社交压力。因为马克生性敏感且身材比较矮小，她担心他可能会被那些受欢迎的孩子欺负或忽视。但事实上，马克在学校过得很好，他有一帮好朋友，虽然数量不多，但他们都和马克上同一所高中。马克告诉我，母亲的担忧不仅使他苦恼不已，更让他担心自己是否还有一些尚未意识到的问题。就他个人而言，他一点也不在意那些母亲担忧的问题。

我把积极忧虑意象法教给希拉，提醒她，多留意一下自己脑中关于马克即将到来的高中生活的那些消极想法，并告诉她如何将它们转换为积极意象。我建议她用三个星期的时间来尝试这个方法，然后再看结果如何。她开始想象马克很聪明、能干、适应力很强（其实这并不难，因为他确实是这样的），每当她开始为他烦恼时，她就开始进行积极忧虑意象练习。大约一周时间之后，她告诉我，对于马克即将上高中这件事，她已经变得比较乐观了，而且对于自己之前的担忧，她也感到不可思议。总的说来，她感觉更轻松了，尤其是在马克身边时，因此，马克也感觉更加轻松了。

试着进行这种意象练习，看它在你身上如何发挥作用。我相信你会很惊喜。从你的"无法改变的"一栏中挑选一个恼人的忧虑来实践这个过程。

★ ★ ★

积极忧虑意象练习

适用意象练习的常规准备——选择一个舒适的姿势,确保在接下来的二十分钟左右你不会被打扰。你可以自己朗读,或请人朗读给你听,在有省略号的地方暂停几秒。

积极忧虑意象

以自己习惯的方式开始放松……慢慢开始深呼吸……自然地深呼吸……每一次吸气,都感觉自己向身体注入了新鲜的空气、氧气以及新的活力……每一次呼气都能释放你的紧张……不适……烦恼……深呼吸,迎接每一次吸气带来的新想法和新的活力,释放身体上的紧张感、抛开心灵上的烦恼,开始放松……开始改变方法……轻松自然地……不要强迫自己……不要急于求成……让其自然发生……你所要做的就是呼吸、放松……呼吸,为身体注入新的活力……

如果之后你觉得还不够放松的话,就再多深呼吸几次……但现在,你需要做的就是自然均匀地呼吸……呼吸时,身体自然地起伏……不要刻意做任何动作……

现在，留意一下你右脚有什么感觉……左脚呢……你之前没有留意你双脚时的感觉……但现在，既然你已经把注意力转移到双脚上，那么你的双脚现在是什么感觉呢……留意一下，如果你邀请双脚开始放松，双脚做何反应……双脚变得柔软、自在……现在看看当你放松双腿时，双腿的感觉如何……让双腿自然感受……留意一下双腿是否觉得很放松……不要刻意……双腿变得柔软、放松……舒适自在地放松……

如果你愿意的话，你还可以进行更深度舒适的放松……继续观察身体的其他部位，身体变得柔软、放松……留意这些部位如何放松……你能够控制自己的放松过程，放松的程度可以由你自己把握……如果你需要把注意力拉回到现实，你只需要睁开眼睛，环顾四周，集中精力……假如你需要对任何力所能及的事情做出反应……而且你知道你有能力，同时你也有义务去完成……你可以再次进行放松，并将注意力集中到你想象的内心世界……

让你的下背部、骨盆和臀部开始放松……然后腹部、上腹部……胸部和胸腔……不要太过刻意……顺其自然，这么做的时候要保持清醒……

让你的背部和脊柱慢慢变得柔软、放松……下背部……中背部……肩胛骨之间……颈部和肩膀……手臂……肘部……前臂……经过手腕和手……手掌……手指……拇指……

留意你的脸和下巴，开始放松……使其变得柔软、放松……头皮和额头……眼睛……舌头也别漏掉，也要放松……

放松的同时，让注意力从平常的现实世界转移到内在世界……你的内心世界是一个只有你可以看得到、听得到、闻得到、感觉得到的地方……这里是你的回忆、你的梦想、你的情感、你的愿景聚合的地方……一个可以与你互连互通的地方……一个在你的人生旅途中对你大有裨益的地方……

想象你找到了一个很特别的地方……一个非常美丽的地方，让你感到舒适和放松，让你很清醒……也许你曾经到过那里……在现实世界或内心世界，或许你曾见过那个地方……也或许是你完全陌生的地方……哪一种都无所谓，你只要选择一个对你来说非常美丽的、非常安全的、让你觉得自在、舒服和安宁的地方……一个让你觉得可以疗愈自己的安全之所……

花一些时间去探索……留意你在那里看到的一切……所有你看到的……以及你如何看到它们的……不要担心你的方式，只要对你来说，这里是美丽的，让你感到安心即可……留意一下，在你的想象中，你是否听到什么……或者这里真的悄然无声……留意一下，你是否闻到空气中有某种特别的香味……也许有，也许没有，都无所谓，只有这里让你觉得安心就好……随着时间的推移，这里也许会发生一些变化，或许不会……这也不重要……重要的是你能多探索一些……

139

你能告诉我那里现在是几点吗？……是什么季节？……温度多少？……你穿什么衣服？……花些时间去找一个让你觉得安全舒适的地方……特别留意一下你在那里的感觉……假如你时不时会走神，那么就再做一两次深呼吸，然后把注意力集中到这个美丽的地方……暂时停下来……不要想着去其他地方……或者做什么事情……暂时停下来……

当你在这个特殊的疗愈地点放松时，让意象进入你的脑海，这个意象可以代表你希望看到的结果……将结果形象化……它可能以任何形式出现……任何事物……假如由你决定，你希望看到的结果是什么样的？……花点时间，开始想象吧……不要纠结当前的意象是不是最好的或者是不是最强大的……整个过程中，你期待的结果可能会以多个意象的形式出现……你可以随时更换意象，以更好地契合你对过程的理解……但现在，保持一个意象不变……如果你能为这个故事写剧本的话，那么这个意象就代表结局……想象它现在正在发生……想象一切都是真实的……尽可能地让这个意象真实、生动，有意识地选择它作为你的愿望……如果你需要更多的力量，想象一下你爱的人和事……或者最初让你出现在那里的力量……想象一下，那些力量的源泉能为你提供额外的能量，你可以将这些能量用以实现你的期望……

现在花几分钟，想象着一切正依照你的方式进行，一切都很顺利……无意识思维理解了意识思维的用意……即它想要激活和刺激你所拥有的所有疗愈能力……不论你想象的方式如何，它都知道如何回应……

让其成为你的首选意象……让这个特别的意象或"电影剪辑"来代表你期待的结果……用一个词或短语来代表这个结果……一个词或短语，都可以代表你的这个选择……这可能是你听到的什么，或是现在脑海中出现的一些事情……给自己一个时间来确定一个词或短语，它可以来提醒你的这个选择……

在未来的任何时候，当你发现你在忧虑时，先想想是否值得……如果确实需要你忧心的话，你可以创造性地思考你如何解决这个问题……但是一旦你发现这只是一种单纯的恐惧或忧虑时，那么你只需要承认它即可……深呼吸，开始放松……想象你已经缓解了恐惧或忧虑……在一个红色圆圈上划一道斜线，来表示你删除了这个忧虑……留意你所渴望的结果……以及那个用来提醒你这一切的词或短语……让代表你想要的结果的意象充满你的意识……留意一下，当你为了实现目标而努力时的感觉……想象它会成真……要知道，你越投入，就能越容易体验整个过程带来的好处……

在想象过程中，让积极的感觉变得更加强烈……只要你愿意，让这些感觉一直伴随着你……甚至当你决定将注意力转移到现实时，也把这种感觉带回来……要记住，这是最好的选择……你选择关注的地方越多，未来就越容易实现……

不要计较花去多少时间……当你准备把注意力转移回到现实时，默默地向你的内心表达感激之情，感谢它为你准备了如此特别的地方……同时也要感谢你能以这样的方式运用想象力……还要感谢那些你与生俱来的心理能力……准备好之后，让所有的意象慢慢消失……把你的注意力拉回现实，回到此时此刻这个房间里……把你所学到的东西带回来，无论是重要的还是有趣的，包括那些安心放松的感觉……当注意力回到现实时，轻轻地舒展开你的身体，睁开眼睛……花点时间来记录或画出这一次的经历。

✳✳✳

回顾你的积极忧虑练习

在你完成这一意象过程之后，你的感受如何？

• 这次体验感觉如何？

• 有没有任何重大的事情发生？

• 你有什么不同的感觉吗？如果有，感觉如何？

• 你有如释重负的感觉吗？幸福吗？悲伤吗？还有其他的感受吗？

• 你是否觉得积极忧虑意象练习有助于你改变应对那些让你无能为力的忧虑的做法呢？

- 如果这种忧虑或恐惧再次出现，你会怎样提醒自己重复
  这个过程？

你也许会发现，忧虑层出不穷、接踵而至，尤其是在尝试这种方法的早期。如果确实是这样的话，你要做的就是耐心，在接下来的两周到三周时间里继续进行练习。你练习的次数越多，过程就会变得越简单，效果也会越显著。

记住，你正在养成一个新习惯，它需要一点点时间来生根发芽，并成为你的第二天性。随着时间的推移，留意一下你自己忧虑的频率是否有变化，或者当忧虑来临时用这种新方法会让自己的感觉有何不同。

你会发现，每当忧虑死灰复燃的时候，快速进行积极忧虑的意象练习对你大有裨益。你无需经过长时间的放松诱导过程。每当消极忧虑出现时，你先深深吸一口气、放松、呼气、承认你确实受到忧虑的困扰，然后在脑中用红色的圆圈和斜线标记这个忧虑，把消极的想法驱赶出去，并将注意力集中到你满心期望的结果上。每做一次，你就是在重新肯定自己的选择，摒弃消极忧虑的习惯，并用自己的精神力量来为实现更好的结果加注能量。

还记得南希吗？那个因为强烈的情绪意象和感觉而没办法闭上眼睛的年轻女人。根据她的具体情况，我对这个方法进行了细微的改动，这个改动对她很有帮助。在教她做这项练习

时，我让她把眼睛睁开，甚至不要进行深度放松。南希只做了一两次的深呼吸后，愤怒和暴力的意象就会出现在她的脑海中。她迅速用结实的气球把它们包裹住，然后想象用氦气使气球膨胀起来。她看着气球飘走，然后用类似强大的火箭炮的装置把它们打爆。她很享受看着气球一个接一个地爆炸的过程，不久之后，那些意象就没有那么频繁地出现了。而当这一切真正发生的时候，她居然还有些失望！

每当南希感到焦虑、易怒、沮丧的时候，她会重复一两次这个练习，然后她会发现 3 到 5 分钟内，她的心就平静了。不久之后，我告诉她，如果她还想延长并进入更深的平静状态的话，她最好在冥想时，想象自己身处一个既安全又风景优美的地方。听取了我的建议之后，她选择带着"火箭筒"来保护自己。正因为有"火箭筒"这种象征性的保护，她进行了一次成效显著的冥想。

在心灵需要达到平衡稳定的状态下，南希的潜意识引导她勇敢面对暴力，然后象征性地武装自己，并随时准备击落任何令她不安的侵入性的想法。想象中的武器给她带来了勇气和力量，也缓解了一些之前折磨她的恐惧和愤怒，同时还给她提供了梦寐以求的放松和安全感。更值得欣慰的是，在这一想象中，尽管有武器出现，却没有人因此受到伤害！

★ ★ ★

为什么积极忧虑意象能够发挥作用

尽管这个意象过程很简单，但它的效果却出奇的好。事实上，我第一次推荐给患者的时候，它的效果甚至比我预想的还要好。在见证了多年的成效之后，我坚信，确实有强大的心理因素能解释这种方法的成效。

第一，你要勇于承认你正受到忧虑的困扰。这一步能够帮助你梳理并明晰所面临的问题，使其不再模糊不清，因为含混不清会放大和延长忧虑。不仅如此，这么做还能让你正视问题，不逃避。越是试着不去想一件事，越容易想起（试着不要去想一只兔子），这样的策略注定是要失败的。这个方法反其道而行之：它让我们专注忧虑并将其形象化。

第二，积极忧虑能够让你不再试图阻挠脑中出现的想法，相反，它使你将注意力集中到你对想法的反应上去。如果你是一个习惯性焦虑的人，那些令你不安的想法常常会不请自来，因此，想要试图阻止它们进入你的脑中纯属浪费精力。然而，改变处理忧虑的方式，就像面对攻击时，优秀的武术艺术家会横跨一步躲避，然后借力打力来攻击对手的罩门，因此，积极

忧虑看起来与精神柔术十分相似。

第三，积极忧虑意象法能引导你采取行动，即使只是精神上的行动。你可以选择用否定符号来标注那些你打算不再浪费精力的忧虑，否定符号可以是红色的圆圈和斜线（或者任何对你有用的符号）。这个仪式满足了大脑想要解决那些无法忍受的情况的欲望。你甚至可以想象在你删除它时还伴随着某种声音，音效带来的满足感让整个过程的效果更显著。

第四，积极忧虑意象法需要将翘首以盼的结果形象化，这么做的目的是让你明确自己的意图、选择或者期望。但奇怪的是，积极忧虑针对的对象是那些你因无能为力而已经决定放弃的事情。

第五，事实上，在处理问题的过程中，与其全神贯注于一堆令人灰心丧气的意象和想法上，还不如转而想象那些会让你的心情豁然开朗的结果。

最后，经常想象那些积极的结果会使大脑形成习惯，自主地将注意力转移到积极的结果上。我的同事神经学家戴维·布雷斯勒（David Bresler）博士，总是说"积极的思想滋养乐观，消极的思想滋生悲观"，研究也证明了他是正确的。神经科学记者莎朗·贝格利（Sharon Begley）也曾写道："与脑海中出现的其他事物一样，注意力转瞬即逝，并不以实物形式存在。然而，注意力又是如此强大，足以改变大脑的布局，就像雕刻家的鬼斧神工一般。"她描述称:"在加利福尼亚大学旧金山分校的一个实验中,科学家们制造了一个装置,每天在猴子的手指上轻敲 100 分钟。在这一奇怪的手指舞进行的同时,给猴子们戴上耳机,播放声音。研究人员将猴子分为两组,教其中一组猴子:忽略声音,注意体会手指的感觉……另一组猴子则被教导:注意声音。"

六周之后,科学家们对猴子的大脑进行了比较,同时发现,那些注意感受手指上敲击动作的猴子,它们大脑中负责触觉的躯体感觉系统变大了,而另一组注意声音的猴子与它们大脑中负责听觉处理的区域建立了新的连接。研究员迈克尔·梅策尼希(Michael Merzenich)和同事写道:"通过选择我们的关注点,我们选择并构建了不断变化的大脑将来的工作方式,我们选择了自己将来的样子,这些选择在我们的肉身上雕刻出了自己的模样。"

积极忧虑意象练习能够缓解忧虑、焦虑和压力。除了对心理的益处和潜在的大脑重塑,把注意力集中到自己满心期待的结果上,也可能以我们不了解的方式改变整个事件的进程。

★★★

有关心理暗示的"秘密"

几年前，有一本名为《秘密》的书大获成功，赢得万千读者。《秘密》成功的"秘密"是，如果你专注于你的目标和欲望，吸引力法则就会使它们奇迹般地实现。

我相信这是有一定道理的，但我也相信，这个所谓的秘密只是你实现梦想的诀窍中的一半，而另一半（通常是一半以上）是让你梦想成真的实际行动。

《秘密》中提到了一个例子，有一个人曾经幻想住进了自己的梦想之家，而现在他没想到的是，他真的住在了和梦想中一模一样的房子里。尽管这里将他为实现梦想所做出的努力略去了——例如，赚钱买下房子、然后设计和建造这所房子！他觉得很不可思议，我却不以为然，因为毕竟他多年来一直竭尽全力地去将这个梦想变成现实。

人们的未来往往最开始都只存在于想象中，它是一个梦想抑或是愿景。你对目标的关注度越高，你越有可能实现它。正如，你在射飞镖、射箭或者开枪时，你越是全神贯注，你就越容易击中目标。

人类总是在不断地设定和实现目标。当我们把注意力集中到一个目标上时，身体内所有的资源都会被调动起来去实现这一目标。这是一种很好的能力，我们应该学会使用它。虽然有时看起来似乎有一个神秘的媒介让它发挥作用，但我对此并不确定。它有时能提醒我们关注那些能帮助我们实现目标的人、事和其他有用的资源。你有没有注意到，每当你买新车之后，你都会发现路上到处是跟你一模一样的车？同样地，当你设定目标或者集中注意力时，你的大脑对那些能帮助你大获成功的人、事和相关资源都高度敏感。

有时，事情看起来顺利的就像如有神助一样，这些令人难以置信且不合常理——有意义的巧合（荣格称之为"共时性事件"）不仅帮助我们向着目标前进，又增加了我们对万物之间连通性的认识。对我来说，共时性和偶然的事件是意外的惊喜。这些事件发生时，确实会让人欣喜若狂，但是，你不能总是指望它们。

在电影《小巨人》里，达斯汀·霍夫曼扮演的一名孩童所在的车队被印第安人突袭，自己也被印第安人抓获。一位神秘睿智的印第安首领收养了他，把他当成自己的孙子抚养。故事的最后，霍夫曼去看望他的这位祖父，发现老人正在为他的死做准备。"我的大限将至，"老人一边说着，一边把他的权杖摆放好，开始唱起了死亡之歌。他把毯子铺在外面，唱了几个小

时之后，他就躺在毯子上等待死亡。尽管霍夫曼极力劝说，老人还是无动于衷，电影中霍夫曼含泪入睡。早晨醒来的时候，他看见爷爷正拖着毯子回到帐篷里。看着霍夫曼，那位睿智的老人耸了耸肩说："有时候，奇迹会发生，有时候则不会。"

假如你专注的力量使你梦寐以求的事情发生了，那么你应当向所有你感觉回应了你的专注的力量表达感谢，并且享受这个恩典带来的快乐。你应当把它视为一种馈赠并且保持感恩之心。

假如最终结果不尽如人意，至少你应该知道，你已经做了能力范围以内所有的一切，因为你已经心无旁骛地努力了，并没有将其忽略，也没有浪费精力、舍本逐末。

★★★

减少习惯性消极忧虑的做法

尽管大多数人都会发现，无论是在祷告时还是在日常生活中，积极忧虑都会大大减少忧虑的数量，并降低忧虑的强度。但另外一些人发现，如果多加入一些真实的仪式，积极忧虑的效果会更好。下面介绍几个能用来改掉某些习惯性忧虑的做法。

追踪忧虑的结果

接受那些被你列入 "无能为力的" 一栏的忧虑，随时了解事情的进展，留意一下其中哪些忧虑实实在在地发生了，哪些没有。花两周到三周的时间来记录事态的发展，你会得到一些有趣的信息，例如，忧虑发生的频率是多少。追踪的时间越长，你就越会了解到忧虑的本质。

威尔－康奈尔医学院心理学家、《治疗忧虑》（*The Worry Cure*）的作者罗伯特·莱希（Robert Leahy）博士的研究发现，人们忧虑的结果大约有 85% 并不像之前预想的那么糟糕，甚至即便是忧虑的事真的发生了，也有 79% 的人认为他们处理得比预想的要好。

莱希建议定期将忧虑记录下来，留意忧虑的数量是变多了还是变少了，或基本保持不变。许多习惯性忧虑的人们发现，虽然他们经常忧虑，但忧虑的内容却并不一样，这表明忧虑其实是一种习惯，或是一种我在前面描述过的心理功能，它与外部现实并无紧密的联系。这个认识本身就是迈向控制忧虑习惯的关键性的一步。

把忧虑交托出去

加利福尼亚大学戴维斯分校里，有一所为小儿癌症患者进行艺术治疗的医疗中心，那里的医疗人员正向那些担忧自己病情和治疗的年轻患者介绍手中的忧虑娃娃，那些小娃娃身穿危地马拉传统服饰，被放在一个涂着明丽色彩的小编织篮里。忧虑娃娃（有时也叫麻烦娃娃）很小，一个手掌就可以放六七个。在睡觉前，孩子们会把自己的烦恼告诉那些娃娃，然后把娃娃放在枕头下。这么做的是因为在睡觉的时候，娃娃可以替他们忧虑。首席研究员玛琳·冯·弗里德里希斯－菲茨沃特（Marlene von Friederichs-Fitzwater）发现，这个简单的干预方法能够帮助孩子们入睡，并且可以显著降低他们的忧虑水平。有趣的是，这种方法也同样适用于成年人，也许因为从心理上我们的内心都还是孩子。

另一种民间的传统方法的效果也出人意料的好，就是制作一个忧虑罐或忧虑箱。在小纸条上写下那些让你无能为力的忧虑，在你睡觉前，把纸条扔进指定的罐子或盒子里。这样做的话，你知道你不会遗忘它们，但在短时间内，你会因为将它们放下而使心情豁然开朗。

虽然这可能看起来很愚蠢，但其实这些方法的依据可以追溯到史前的仪式。它们与祈祷、魔法、崇拜、忏悔、屈服有

关——所有合理的心理学原理都可以帮助我们接受原本不能接
受或无法解决的事情。

信仰和祷告

我们的先辈们向那些隐性的力量祷告，因为他们相信正是
这些力量创造了他们。他们祈求慈悲、康复，摆脱痛苦、苦
难、疾病、损失和死亡。尽管忧虑娃娃和忧虑罐不如祷告那么
神圣，但效果以及其中隐含的心理特点却是相似的。首先，在
两种情况下，忧虑都得到了承认，并被命名；其次，都有神秘
人或物能处理好眼前的忧虑。无论你选择简单进行还是精心设
计每一步，这才是仪式的本质。

如果你对某一个宗教或精神力量很虔诚，你会发现祷告有
助于解决消极忧虑。如果你能向某种信仰祷告，你可以祈求事
情迎刃而解，向一个更高的力量、神或者你相信的力量去倾诉
释放你的忧虑，然后你会得到某种形式的安慰。如果你不是一
个虔诚的信徒，那么进行积极忧虑的意象练习能让你充分利用
相同的心理学原理。

祈祷和想象的唯一区别就是与你对话的对象不同。如果你
相信上帝或更高的力量，那么你可以直接向这个力量祈祷——
祈求行动步骤和方向。如果你不相信神，那么你可以想象你的
想法是指向你自己的无意识思维和大脑的，你同样可以向其寻

求行动步骤和方向。无论哪种情况都清楚地表明，如果事情由你决定，会发生什么，你也会尽自己所能，并在必要时寻求某种力量的帮助。

现在，你已经知道如何缓解那些因为你没能很好地处理消极忧虑而诱发的压力了。当你准备好把你的注意力转移到积极忧虑时——那些你能有所作为的事情——那么你可以翻到下一章。在下一章里，你将会学到如何让积极忧虑发挥出更大的作用。

第 7 章

让积极忧虑发挥出更大的能量

即使你选择了正确的道路，但如果你止步不前，还是会被他人赶超。

——威廉·罗杰斯

chapter **07**

第 7 章

让积极忧虑发挥出更大的能量

（扫码听练习）

有效行动计划

（参见本书 176 页至 181 页）

能将你的注意力集中到那些你有可为的问题上的忧虑被称为积极忧虑。逻辑思维和情绪思维或直觉思维能够提供解决问题的具体方法，这些方法也会让你在解决问题时如虎添翼。

格雷戈，28 岁，大学毕业，因为没能在自己真正感兴趣的广告行业找到一席之地，他已经在一家大型百货公司的女鞋专柜工作了好几年。他几乎用遍了所有常用的找工作的方法：阅读招聘广告，查看分类广告网站（Craigslist）上的信息，参加一些网上求职项目。但最终都一无所获，他有时会变得郁郁寡欢，在很长一段时间里不再找工作。他常常忧心自己找不到能帮助他进入广告业的工作。

在其他人已经列好忧虑清单并且进行逐个分类之后，格雷戈还在思考是否应该把关于工作的烦恼填到"无能为力的"那一栏里，我告诉他，他可以暂时先填上，如果他愿意的话，过后可以再改。他想了想，然后说："不，我不能把它放在那里。我现在必须开始着手计划我的广告生涯，无论做什么，至少先起个头。"

在格雷戈选择将工作忧虑写到了"可能改变的"一栏里之后，我开始让他做有效行动的练习，我将在这一章里将这个练习介绍给你们。首先，格雷戈需要明确自己的目标。他写道："在这一年结束之前，要先在广告行业找到工作。"接下来，酝酿实现这一目标的想法。但在他把所有之前无果的尝试罗列出来之后，他的大脑就一片空白了，什么也想不出来了。接着，我建议我们开始一段想象的旅程，通过与内在智慧的意象对话，了解一下从内在智慧的角度如何看待这件事。让他感到诧异的是，他的脑中出现了一只河狸的意象，它正在兢兢业业地啃下许多小树来搭建自己的堤坝。格雷戈向它提出了自己的问题，河狸很友善地回答了他，但在回答的同时，河狸还是专心致志地继续着自己的工作。我建议格雷戈对打扰它工作一事向它表达歉意（即使是想象中的对话，礼貌也是不可或缺的），但是他应该让河狸知道，他确实需要一些关于如何开始职业生涯的建议。河狸一直没停下嘴上的工作，啃下树皮树枝并将其拖到河边修整，之后继续搭它的堤坝，他这么做似乎是在告诉格雷戈，要让自己忙碌起来，把此时此刻当作起点，不要在乎回报多少。格雷戈告诉我："河狸说，仅仅有想法是不够的，因为堤坝不是光有想法就能建成的。必须真的去把树砍下来，放进河里，然后把它们组合起来，然后充分利用所有能找到的物资去建这个堤坝。它是在告诉我，即使不够理想，但身边总会有能用的东西。我想，我最好

忙起来，不要把原因都归咎于经济不景气和就业市场不好，如果
这是我想做的事情，那就继续努力。"

回顾意象练习时，格雷戈发现，现在的形势让他有些心灰
意冷。他不得不重新考虑从事广告业对他来说是否真的那么重
要，是不是在没有薪水、不能保证成功、一切皆是未知的情
况下，他还愿意去从事这一行。他说，上大学的时候，他的
计划是毕业之后去知名的公司工作，然后慢慢晋升到自己梦
寐以求的职位。但是结果却事与愿违，这让他非常沮丧。他
看到当经济突然萎缩时，广告公司里的许多高层人士都失去
了工作。尽管如此，他还是有自己的优势，他还很年轻，生
活成本也相对较低，尽管没有钱，但他有精力和创造力来投
资他的未来。

格雷戈灵机一动，想到许多他可以进行志愿服务的地方。
而且他还发现，用现在 80% 的薪水就足够支付他日常的开支，
所以他可以把一周的工作时间缩短到四天，这样一来，每周就
能空出两三天来做志愿服务和其他与创意有关的工作。他开始
寻找需要人手的非营利性机构，也试着去了解网络营销，对此
之前他（或其他人）并没有涉猎。他找到了一家小公司想要在
互联网上销售公司的服务。虽然他们刚开始并没有支付他任何
报酬，但格雷戈还是帮助该公司创建了一个新的网站，这个网
站使得公司的业绩大幅提升；六个月后，该公司制定了一份补

偿协议，补偿格雷戈因放弃零售工作而损失的收入，事实上，这个补偿额超过了他的损失。他的新"合作伙伴"给他推荐了另外几家小公司，一年之后，他辞去工作，成为一个全职的互联网营销顾问。

格雷戈对我说："河狸教会我把目光投向周围，看看那里有什么，并加以利用。我已经感觉到了，其实机会一直存在，只是我看不见、抓不住，因为这些机会似乎并不是我想要找的。正因为我意识到了这一点，我变得更富有创造性，也更加自信，我还因此得到了更多新客户。我现在受雇于一些知名公司，我很高兴我能有这样的进步。有自己的事业，我感觉很好。"

通过发挥感性脑的创造性、洞察力以及问题解决能力，格雷戈找到了他一直需要的鼓励和动力。他还发现了自己纯理性思考所没有想到的解决方案——一个意想不到的解决方案（为他人免费工作）。

★ ★ ★

为什么我们无法采取有效行动

当我们在为一个有可能解决的问题纠结或烦恼时，让我们停滞不前的原因有以下几个。

- 我们并不是很清楚自己到底想做什么，因此，问题变得模糊、不确定，也导致我们没能明确自己的目标。
- 我们没能想出达成目标的好办法，有时是因为自己被单一的思维方式困住了。
- 我们并不了解这是解决问题的必经之路，因此，我们就没有全力以赴。
- 我们没有详细地制订能通向成功的计划。
- 在解决问题的过程中，我们会遭遇恐惧、担忧或反对意见，而对此我们没有经过全面缜密的思考。
- 我们需要更多的动力、勇气、创造力和其他优秀的个人品格来帮助我们从困境中走出来。

★★★

让改变发生：有效行动法

有效行动法能够解决上述问题。首先，你需要有一个只存在于脑中的想法，然后从中获取切实可行的内容。其实，有效行动法是我对自己其他书籍和音频程序的完善，例如"将想法

付诸实践"或"基础练习"。《秘密》里遗漏的为实现梦想而努力奋斗的过程，这里将向你——呈现。

就像建造梦想之家的过程一样，首先，你把对梦想之家的构想描绘给建筑师听，然后建筑师画草图，再把草图交给承包商，承包商负责购买建材、雇用并监督工人，在进行大量的工作之后，把房子的钥匙交到你手上。那所房子可以让你免受风吹雨打，成为你与家人的避风港和避难所，你还可以在房子各处的墙壁上挂上你的艺术品和家人的照片。

★ ★ ★

激活意志力

采取有效行动与意志力密切相关。对某些人来说，一旦他们知道自己想要什么，那么接下来有效地实现目标就是再自然不过的了。其他人也许也有伟大的梦想，但他们却很难让梦想成真。这就是有效行动法如此重要的原因了。

意志力在将想法付诸行动这一过程中起到了推波助澜的作用。意大利精神科医生罗贝托·阿萨吉欧力在他的《意志行为》（*The Act of Will*）一书中提到，人们失败的主要原因是他

们没能看到自己期待的改变，因此，要解决这一问题，就要成
功展示出这些改变。

阿萨吉欧力发现，当人们没能根据自己的见解和认识行动
时，他们往往会崩溃，当然也就没有办法完成激活意志力的重
要步骤。他认为，人们在认知与行动的链条中存在一个"薄弱环
节"，通过认真查看这一过程中的每一个组成要件，我们可以找
出在哪个环节出了问题，并对其进行加强以获得最后的成功。
他阐述的步骤——明确目标、找出实现目标的路径、选择最佳
方案、确认选择或拟订和完善计划——正好能填补我早前提到
的关于这个话题论述的大多数陷阱。让我们再次认真地审视采
取有效行动这一过程中的每一个组成要件，然后我们以此作为
练习来解决你的"可能改变的"忧虑一栏中最重要的那个。

★★★

第一步：明确目标

第一步是要尽可能地对自己想做什么了然于胸。如果你连
目标都没有，何来成功一说。有些人无法解决那些有计可施的
忧虑，是因为他们的目标太模糊，所以他们的忧虑就像花园里

丛生的杂草那样一直都在。

　　要明确自己的目标，用一个简短的陈述句把你的目标记录下来，要尽可能地写清楚、没有歧义，其中可以包括时间安排或截止日期。还记得格雷戈吗？他的目标是在一年时间里在他梦寐以求的领域里找到工作。一旦他明确了这个目标，他就将自己的创造力投入其中。一旦你明确了你想做什么，就把它确定为自己的目标。

* * *

第二步：找出实现目标的路径

　　有时候，人们对于自己想要达成的目标是很清楚的，但一谈到如何实现这些目标，就变得毫无头绪了。现在要讲的就是这一步的重点——通过我们俗称的"头脑风暴"这一方法产生尽可能多的创造性想法。例如，格雷戈就一直被自己之前的想法影响，觉得走出大学校园之后，他应该会受雇于某家知名广告公司或某家公司的营销部门。当他意识到这也许不太可能实现之后，他就不再找工作了。如果他真要深究这个问题，他就会生气和沮丧。在与他想象中的河狸进行意想不到的"交谈"

之后，他又开始创造性地思考，他在头脑风暴中想到了他以前从未想到的可能性。

格雷戈了解到，一位广告界的翘楚奥斯本·亚历克斯（Alex Osborn）在 20 世纪 30 年代创立了头脑风暴的方法，奥斯本将它用来刺激团队中的创造力和解决问题的能力。你只要遵循一些简单的指导方法，也会非常有效。

1. 不要急于对自己想法的有效性妄下定论。等到整个过程结束之后，再进行"现实测试"或任何有关想法有效与否的判断。

2. 在限定的时间里，产生尽可能多的想法，重点在数量，而不是质量。设置一个 10 分钟的计时器，把所有可能让你实现目标的想法记录下来——越多越好。

3. 不要限制自己，大胆地记录脑中的每一个想法，无论有多么疯狂、愚蠢或不切实际，也不管是否合乎道德、是否负担得起或是否令人为难。让思想自由流动。不要试着去判断或分析你的想法。之后，你需要一段时间来整理这些想法。

一个人进行头脑风暴时，最好的方法是用一大张纸或一台电脑，设置一个 10 分钟的计时器，记录下脑中出现的所有能让你实现目标的想法，将它们一个接一个地记录下来。有些思

维映射软件也有自带的头脑风暴计时器。

假如你的想法并不多，你可以找一些朋友来帮忙。指定其中一个人充当协调员的角色，协调员的主要作用是激励其他人的思想流动，然后将其记录下来，或者你也可以要求人们把自己的想法写在便利贴上，然后张贴在墙上或公告板上。协调员应该鼓励人们在原有想法的基础上产生更多的想法，而不是在头脑风暴过程中去讨论哪些想法可行，哪些不可行。在团队进行头脑风暴时，此方法也同样适用。

另一个选择是使用意象导引法，让内在智慧的意象来帮助你。这可能需要超过 10 分钟的时间，最好是在头脑风暴会议之前或之后进行单独的练习。如果因为某些原因，你没办法完成内在智慧冥想的话，那么在头脑风暴之前，花上 10 分钟来冥想，这也有助于你激发更多灵感。

虽然你通常会发现一些很好的方法，但你也有可能意识到，对于某些特定的忧虑，你可以做的并不多。若真如此，那就把它归类到"无法改变的"那一栏，然后做出选择，要么放弃，要么使用积极忧虑的意象练习来解决。

★ ★ ★

第三步：选择最佳方案

一旦你拥有许多选择之后，你需要做的就是进行分类整理、淘汰其中愚蠢的、不道德的、难以承受的或者不切实际的。在浏览时，直接把它们删掉。当你在回顾中搜寻其他的可能性时，找一找每个想法之间的联系以及将它们结合在一起的方法，你还可以随意把它们整合为一个单一的想法来满足你的需求。在回顾你的选择时，偶尔也会激发其他的想法，这很好，把它们也记录下来。总之，这么做的目的就是要得到最好的想法。

当你已经确定了最佳选择，把它圈起来，或者写一个新的句子来阐述你将如何完成之前第一步已经确认的目标。当然，你也可以随时改进或修改你的目标。

如何确定最佳方案呢？最佳方案应该是一个最有可能让你获得成功的方案。我的朋友兼同事瑞秋·雷曼博士说，第一步你要先找到其中最容易完成的那个。这里唯一需要注意的是，再容易完成的方案也必须能产生重要的影响。

意象导引法研究院———所医疗专业的研究生培养机构，给出的指导方针是你选择的行动方案必须符合"小的可控，大

的重要"的标准。例如，你的目标是体重减轻 80 磅，你可能会感觉压力很大、无从下手，但如果你将长期目标分解成一系列小的目标（例如，计划在头两周减掉五磅），那么你成功的机会可能更大。选择一个能让你早点尝到甜头的计划，这样有助于激励你继续下一个可控的步骤，然后一个接着一个，直到达到你的终极目标为止。

✳ ✳ ✳

第四步：确认你的选择

既然你已经确定了最佳方案，那么接下来你会想知道自己是否真的能尽心尽力地去完成它。你可以采取"确认"这个步骤来完成。

你要先阐述你的计划以及你选择要达到的目标。"确认"的目的是建立你接下来行动的动机，并帮助你坚持到底直到你成功为止。

首先，写一份声明，以"我是……""我可以……"或者"我将会……"开头，然后明确地写出你将要做什么或怎么去做。让你的确认内容尽可能地简单明了。例如，"我可以在两周内减掉五磅"是一个简单的确认，所以"除每周六之外，我将会只吃盘子里三分之二的食物，并且不吃甜点。"我的患者，一位叫做鲁思的老人家，她曾经的目标是"每天少一些忧虑"。她在头脑风暴中产生的想法是，她可以把注意力更多地集中在当下，而不是未来。这就是她的选择，之后她写下属于她的确认声明，一个对于她来说最有效的声明："我意识到，生命中的每一刻对我来说都是弥足珍贵的。"她用那句话作为一个咒语，提醒着她应该把注意力集中在当下，更好地把握当下。

写完你将做什么的确认声明之后，你就大声读出来，看看你是否能说服自己相信这是真的，重复 3~5 次。如果到第 5 次大声说出来的时候，你还是觉得自己没办法倾尽全力去完成的话，你可能要考虑重写一个直到说服自己相信为止。如果你无法说服自己，你是不可能成功的，那么你最好调整一下你的目标和行动的方案。

一旦你说服自己之后，你可以与一位或多位你认为是你盟友的人分享。大声地向你尊敬的、关心的人说出你的选择，这能够为你增添新的动力，同时也是对你的进一步测试。

如果确认声明写得恰到好处，合乎标准，那么你就很容易集中精力、全力以赴。这是一句你可以用来激励自己的话，也可以用来让你在开始实行你的计划时不偏离正轨。确认声明也

可以被视作一种自我暗示，用来强化在你的大脑中的新行为。将你的确认声明作为指导、提醒和激励，尤其是在早期的时候。把你的确认声明写在便利贴上，贴到你常看见的地方——例如，浴室的镜子上、汽车仪表板上、电脑上——这样做会强化你的选择，并鼓励你不断前进。

最好能经常重温你的确认声明，特别是在你的行动计划的头 5 到 7 天里。它们会在你的脑中生根发芽。我认识很多人把它作为咒语，每天重复上百次直到他们感觉可以开始执行他们的计划。这是因为你必须不断强化一个新的思维模式，以使它变成默认的模式。

★ ★ ★

第五步：拟订计划

既然你已经有了明确的方向，那么就需要写一个尽可能详尽的计划。有些计划可以很简单，像鲁思那样——她把确认声明写下来，贴到浴室的镜子上。这张纸条提醒她，每天早晨她都要把注意力放在每一个当下。

其他计划需要更多的细节。我们的朋友格雷戈的计划，包括研究和列出在他所在地区所有的非营利组织，在网上和图书馆里研究网络营销和广告，写一系列的电子邮件、信件以及基于网络的信息，把自己介绍给不同的人和组织，并建立一个联系人以及他们回应的数据库。

一个人的减肥计划包括每天步行 30 分钟，不吃让自己无法抗拒的餐馆里的食物，并立即把盘子里三分之一的食物放到外卖盒里。

把你的计划写得尽可能详细，这样就很容易按照需要的方法和步骤行事。

★★★

第六步：意象预演

在脑中预演计划成功实施的过程，这有助于你检查计划的完整性、确认自己的选择、查看是否存在内部阻力，并且激励自己坚持到底。最成功的运动员、表演艺术家和商业人士经常使用意象预演，甚至病人和医生也会使用这种方法来加快手术进程并减少并发症的可能性。

意象预演是现代体育训练中的一项基本步骤，尤其是在较高级别的竞赛中。与运动天才们的体能相比，心理博弈往往比竞技者自身的体能和技能对成功的影响更大。20 世纪 80 年代初，可视化的认知度并不如现在那么高。孪生兄弟菲尔和史提夫·梅尔在当时的滑雪世界杯中占绝对的领先地位，并且在 1984 年冬季奥运会上为美国摘得一金一银两枚奖牌。这是他们第一次将意象预演带到了全世界观众的面前。在比赛开始之前，他们都会闭上眼睛，想象通过每个弯道的过程，这时，你会看到他们轻微地摆动身体和头部。

杰克·尼克劳斯，世界上最伟大的高尔夫运动员，在他所有的高尔夫比赛中，每次击球之前，他都会预想好球的落点、轨迹以及自己挥杆的动作。竞争对手是这么评价他的：他是最优秀的高尔夫运动员，不是因为他有最好的身体，而是因为他有最强的大脑。

开始你的意象预演，想象计划中的每一个步骤，包括你将要做什么、是否有你想见的人、获得圆满成功之后是什么感觉。预演结束时，你应该要有正面积极的感觉。如果没有，我会质疑这个目标是否真的对你很重要。你至少应该有一种解脱的感觉，最好是一种积极的成就感。

意象预演是一种重要的确认形式，它能够调动所有的感官和情绪来影响动机。通过想象你在完成行动计划的过程中所看到的、听到的、感觉到的，特别是让自己真正感受到成功带来的获益，你可以在脑中搭建一条新的联想通路，将那些美好的情绪与成功实施计划的意象结合起来。你会提前收获一些情绪上的奖励，这样有助于你在实施计划的过程中注意力更加集中，也更有动力。

意象预演还可以帮你找出你的计划中的漏洞。26 岁的吉娜，一个独自在旧金山生活的年轻女子，因为经济问题而总是闷闷不乐。当理清了自己的忧虑之后，她意识到自己需要（并且可以）大大削减购物开支。她喜欢时尚，但她已经有许多衣服了，那些衣服足以供她在很长时间里，在不需要添置任何新衣服的情况下都能穿得入时、得体。她的计划包括编制预算和只买打折的衣服。进行意象预演时，她想象每周六去市中心，到她最喜欢的商店里寻找打折的商品，但是她却发现，所有漂亮的新衣服她都不能买，因为这些新衣服都没有折扣，这让她更加心烦意乱。因此，为了自己，她决定修改一下计划，将购物时间限制为周六（每月一次），卖掉一些她从来没有穿过的衣服，然后在其他没有购物的周末从事一些既有趣又省钱的活动。

★★★

第七步：执行计划

一旦你在脑中预演了整个计划，并且最终如愿以偿地取得成功，那么是时候采取真正的行动了。有了这种心理准备，你可能会发现事情会进行得很顺利。但即使是最完美的计划，现实中也总有一些羁绊，因此，你有可能会遇到意想不到的艰难险阻。但是你不要害怕，也不要放弃。用你从生活中得到的反馈，进一步改进或调整你的计划来适应环境。

吉娜发现，自己比预想中还要想念星期六的购物日，因为这是她和朋友们在一起的活动。所以经不住她们的软磨硬泡，她又开始购物了。但在一次周六购物狂欢之后，她哭了。朋友们都很担心她。在她解释了自己的情况之后，朋友们一致认为，她们一起在周末做些有建设性但又开销不大的事情会更好。她们列出了许多在接下来的周六可以一起做的事情，她们还说，以后买衣服的时候，她们会精打细算。

这样的调整对于吉娜来说大有裨益，但有时你需要回到原点，从头到尾修改整个计划。如果你不得不从头开始，那么你可以通过意象预演重新"实践"整个计划。你可以灵活一些、随机应变、不断尝试、坚持不懈。托马斯·爱迪生在经历了12 000多个失败后才找到让他发明灯泡的材料。尽管很少人能有像他这样的坚持，但几乎所有的变化都值得一到两次以上的尝试。

现在，我已经解释了有效行动法，是时候让你来尝试解决你的"可能改变的"忧虑了。

★ ★ ★

为有效行动做准备

仅仅依靠本能反应，你是很难完成"将想法付诸实践"这个过程的，因此，这时你就需要有详细的计划步骤。与你所学到的其他方法不同，这个方法要分步骤，一步一步来，而且大部分时候你可以睁着眼睛。你要写下关于你想改变的问题的答案，以及你将如何去做。每一步都很重要，缺一不可。如果你循序渐进、步步为营，你将最终获得一个有可能带给你成功的计划。

不要在乎所花的时间的长短。也许你只需要45分钟就可以完成，也许你需要几天或更长的时间才能找到合适的方案。

在你开始之前，要确保你有书写材料、10分钟的计时器和一个舒适的地方，你可以闭上眼睛，时间到了就做意象预演。在你进入心理预演阶段之前，没有必要做深度放松。下面，你可以自己阅读，或者请别人帮你朗读。

有效行动计划

明确你的想法

首先，以尽可能简明扼要的方式回答"你想要做什么"这个问题，然后尽你所能写一个清晰的句子来陈述你的方案。之后，花一点时间认真仔细地检查，以确保整个句子在没有字词赘余的前提下，将你的计划方案表述清楚。

再次逐词逐句地认真检查你写的句子，选定一个最重要的关键词。对每一个词都反复推敲，确保每一个词都恰到好处地表达了你的意思。要用充分的时间写出答案，不要着急。

酝酿选择（头脑风暴）

接下来，认真思考你写的内容，在进行头脑风暴的过程中列出你想要实现目标可能用到的所有方法。你可以设置一个 10 分钟的计时器，用一大张纸或一台电脑，记录下脑中出现的所有能让你实现目标的步骤和想法。在记录过程中不要尝试修改你所写的内容。你要做的就是列出脑中出现的所有的想法和可能性，先不要考虑是否可行、是否可以负担得起、是否合乎道德。记录脑中出现的所有想法，这些想法也许有助于你在实现目标的过程中事半功倍。你可以调动你的无意识思维或内在智慧来帮助你。

选择最佳方案

现在花一些时间检查你所有的方案。浏览你写下的所有内容，或者任何在你回顾过程中出现在你脑海的想法。留意一下，你是否能整合其中某些想法。淘汰其中不道德的、难以承受的或者不合适的，把注意力集中在那些看起来最有可能成功的方案上。只要最后能成功，你可以将注意力全部放在那个看起来最现实可行的或者看起来最容易执行的方案上面。

有没有一种方法最有可能成功，或者用最少的努力得到最大的回报？确保你的方案符合"大的重要，小的可控"的标准。准备好了之后，选择一个对你来说最佳的方案，在清单上把它圈起来，或者写一个新的句子来阐述你已经选择的方案。

确认选择

写一份确认声明，以"我将会……""我是……"或者"我可以……"开头。

听着自己大声地说出你的确认声明，你会知道在这个选择背后，你将愿意付出多少努力和精力。刚开始，你可能会感到尴尬，但重复几次之后，你就会发现自己可以全心全意去努力了。假如你没有办法大声说出自己的意图并且无法说服自己那是你将要去做的事情，那么你可能要考虑重写方案直到说服自己确信为止。

拟订计划

现在，写一个尽可能详尽的计划。把计划中所涉及的具体步骤以及在执行过程中的具体顺序考虑在内。你可能会和谁交谈，你需要做什么？写一个简明扼要但详尽的计划，确保你的计划步骤清晰明了、现实可行。制订计划的时间要充裕，不要着急，不要草草了事。你的计划越好，你成功的概率就越高。把计划写下来是将其从一个综合全面的计划变成一个有具体操作步骤的行动。

意象预演

现在你可以在想象中一步步地预演你的计划。找一个舒服的姿势、闭上眼睛，开始深呼吸，让身体开始放松，释放身体上的紧张感。每一次吸气都向身体注入了氧气以及新的活力，每一次呼气都释放出你的紧张与不适。让身体自然放松，凝神静气……

身体放松的同时，进入你的内心世界，那是一个特别的地方，让自己感到舒适和放松。留意一下你所看到的，以及想象中你所听到的。空气中弥散着什么气味呢？那里是白天还是黑夜呢？温度如何？特别是你在那里的感觉如何？找到让你觉得最放松、但最清醒、注意力也最集中的地方，让自己舒服地待在那里……

当你准备好了，想象你真的在执行自己的计划。用你的想象力去看到并感觉自己在执行你的计划，让自己感觉这是在真实的生活中可能发生的事情。从一开始就想象自己在执行你所选择的行动，一直到最后成功完成整个计划……

在执行计划的过程中，留意一下你的计划中哪些部分看起来比较容易，哪些部分比较困难……在你想象着执行你的计划时，你可能会意识到你之前没有想到的问题或障碍，也许是事件、人或只是随之而来的感觉和态度。如果你没有考虑到的阻碍出现了，你只需考虑该如何调整你的计划并将这些阻碍列入你的考虑中。这是调整计划的最简单和最经济的方法，所以不要在意时间长短，感谢在你完成计划过程中出现的所有资源以及阻碍……

你可能会发现，你需要改变你的计划或对其进行微调，或将长期目标分解成一系列较小的步骤，这样你成功的机会可能更大……不要在乎调整计划所需的时间长短，你需要把计划调整到你可以想象自己成功地实现了它的程度……

当你能想象成功地执行计划时，你应该感觉到某种正能量，也许是如释重负的感觉，也许是一种自豪感、成就感或喜悦感。让自己感觉到正面的能量，留意一下在身体的哪些地方有这样的感觉。如果你愿意，你可以让那种感觉在你的内心变得更强……

想象这种能量越来越大，开始向外辐射，扩散到身心的每个角落。你甚至可以想象你有一个控制按钮，就像调节收音机或电视机音量那样，你可以把这种能量也调到让你满意的程度。想象它深深地渗透到内心最深处，并充盈你的全身，包括皮肤最外层的细胞……让自己享受这种状态……

想象自己已经采取行动，而且你也已经成功地完成了，现在你可以享受到这随之而来的正面的能量……

一旦你感受到了一点正面的力量，花时间回到你的计划的开始，想象再次成功实践整个计划，再次感受这种正面的力量，这种感觉也许会更强烈……重复两三次甚至更多次直到你可以很容易地想象自己成功地执行计划，并在最后感觉到这种正面的力量……

你也许额外需要一些时间来反复在你的想象中预演整个计划。你越是这样做，你的计划就越容易执行。你所感受到的正面的力量将在出现问题或阻碍时激励和支持你。

现在，准备好了之后，让所有的意象慢慢消失，准备睁开眼睛并把注意力拉回现实，把重要的东西带回来，包括这种正面的力量以及完成计划之后的成就感……当注意力回到现实时，睁开眼睛，轻轻地舒展开你的身体。当你完全清醒时，花点时间来记录你对整个计划中所做的调整、预料中的障碍和你的处理方法，以及你成功完成计划的感觉……

执行计划

最后，是时候来检验一下。在执行计划的过程中，一定要对计划的有效性、适应性或对它的调整了如指掌。有时，你可能需要再次返工，为那些意外出现在执行过程中的问题而对整个计划进行调整。记住人们所说的：最好的计划就是为实现目标而保持其灵活性，并与你的适应能力或问题的解决能力相匹配。

就像水手计划的一次航行一样，有时候，你会发现风会改变方向，你需要随时调整航向。有些时候，你也许没办法直达你的目的地，但当你改变航道时，将目光锁定在你想去的地方，你就能更快到达目的地。

如果你需要改变计划来克服一个意想不到的障碍，你可能会发现重复前面的步骤会很有帮助。为了实现目标，你可能需要再次重申或明确你的目标、集思广益新的可能性，或另作选择和修改你的计划。

★★★

回顾有效行动的全过程

花一些时间，把你在整个过程中留意到的内容梳理一下，并记录下来。

- 在这个过程中，哪些步骤对你来说非常重要？
- 在完成这个过程中，你学到了什么有价值的东西吗？
- 你是否需要任何额外的资源来实现你的目标？如果是的话，在哪里能获得这些资源，你将如何使用呢？

- 你对成功实施计划有多大的信心呢？什么能让你更加有
  信心呢？

在实施过程中，假如你的计划陷入僵局，你可以花点时间进入自己的内心，向内在智慧寻求帮助，以确保你有足够的空间来调动所有的智慧都能参与其中。

现在，你已经拥有了一个装备精良的解忧工具箱。借用这个工具箱，你已经有办法让自己的身心平静放松，也能发掘你的感性脑中隐藏的智慧，还能使习惯性的消极忧虑脱胎换骨，更学会了如何有效地改变那些可能改变的事情。在你进行这些"软件升级"实验的同时，让我们看看从科学的角度如何解读其与大脑硬件之间的联系。

第 8 章

思维与大脑

人脑就像是一台被施了魔法的织布机，千百万只织梭来回织就不断变换的图案——寓意深远的图案——但从来都是转瞬即逝。

——查尔斯·谢灵顿爵士

思维与大脑之间究竟存在着怎样的关系？思维是大脑的一种偶然现象，还是大脑复杂的神经元结构意识到自身存在时的副产品，抑或是人们使用大脑和身体来实现生活目标的一种主要力量？

其实没有人知道真正的答案。我们所知道的就是思维与大脑紧密相连、密不可分，我们理应对两者有更深刻的认识。我们可以将大脑和思维分别想象成计算机的硬件和软件——它们之间有错综复杂的关联性，相互依存，缺一不可。以这个简单的模型举例说明，我们可以将解忧过程当作是一次软件升级，升级之后，大脑硬件运行起来会更加高效，更加方便"用户"使用。不论忧虑究竟出自大脑或是思维，不论是硬件还是软件问题，不论是身体做出何种反应——采取行动、放下或继续忧虑，大脑里都存在一条向身体发出相应信号的传导通路。

成人大脑的重量为 3~4 磅，并且大部分是脂肪。通常，男性的大脑比女性的大，但实际上，真正重要的不是大脑的体积，而是如何有效地使用大脑。令人颇感意外的是，人类的大脑并不是地球上体积最大的大脑，大脑的体积甚至与身体体积之间都不成正比。大象的大脑体积是人类的六倍，宽吻海豚的大脑体积也是人类的六倍。老鼠的大脑与其身体的体积比是 3：1。但是，人类拥有着地球上其他所有生物都望尘莫及的智慧，这也许是因为人类特定的大脑区域中存在着复杂的相互关联的神经网络，使得人类能够获得并不断提高语言、数字运算以及符号与抽象推理的能力。

人类独特的思维方式到底是好是坏，这仍有待观察。尽管人类聪明又富有创造性，但人类是否能够以可持续的方式来运用自身的智慧，目前尚不清楚。《宇宙漫游指南》（*A Hitchhiker's Guide to the Universe*）的作者道格拉斯·亚当斯（Douglas Adams）曾写道："人类总是认为自己比海豚聪明，因为我们有无数的丰功伟绩——发明了轮子，建造了纽约城，赢得了战争，等等——在我们眼里，海豚所做的不过就是在水里游荡闲晃而已。但相反，海豚也会因为同样的原因，相信自己比人类更聪明。"

人类大脑的体积在不同个体身上的差异很大，但与智力高低并无直接联系。研究发现，有一个天赋异禀的人的大脑只有 2 磅重，而在历史记录中，拥有最重的大脑（6 磅）的人却是一个精神发育严重迟滞的人。

人类大脑包含约 110 亿至 300 亿个神经元（神经细胞）以及 10 倍于神经元的支持细胞，这种支持细胞被称为神经胶质细胞。每个神经细胞大约有 1 000 万个突触（与其他神经细胞直接相连），该网络里的信息流动量至少有 100 万亿，这几乎是不可想象的。正是由于这个异常活跃的网络存在如此巨大的能量流动，仅占体重 2%~3% 的大脑却消耗了人体全部能量的 20% ~ 25%。

我们知道大脑有许多功能，这些功能区之间的连接在很大程度上取决于大脑最终如何工作。语言中枢主要位于左脑的特定区域，而身体意象存在于右脑的相似区域；视觉中枢主要位于大脑后部的枕叶，听觉中枢则在颞叶两侧。恐惧和愤怒形成于情绪脑中一个被称为杏仁核的区域，而重要的经验是通过海马体被放置在长期记忆中。口渴、饥饿和睡眠模式都通过下丘脑进行调节，下丘脑是位于大脑底部的一个微小的中枢，它从大脑的其他部分接收信息，然后向身体发出警报或者解除警报的信号。规划、判断和决策功能主要在前额后面的前额皮质上，特别是在左侧，而空间关系和情绪识别则更多地存在于右侧大脑皮质的周围。

★★★

思维存在于大脑内部吗

尽管对大脑已经有足够的认识，但我们仍然对思维所处的具体位置一无所知。我甚至不确定我们是否知道思维是什么。大多数的神经学家，包括我的同事，意象导引法学院的戴维·布雷斯勒（David Bresler）博士曾说道："思维与我们的关注点之间有着千丝万缕的联系。"

人类意识之所以强大，是因为我们能意识到并且有能力选择自己该关注什么。而这些选择，不论是有意识的还是无意识的选择，都能决定你的日常生活质量。

因此，对于我们人类来说，拥有这种选择能力既是巨大的机遇，同时也是严峻的挑战。因为当关注点不同时，我们有可能显得愚昧无知，也有可能变得料事如神；当关注的东西太多时，我们有时会三心二意，当然有时也会下定决心一心一意；当对关注的对象有所选择时，我们可能会自扫门前雪，或许也会帮着扫扫他人的瓦上霜；与人交往时，我们会注意自己的言谈举止；当别人犯错时，我们也会大发雷霆。我们甚至可以相信我们的选择创造了现实，或者说我们的选择是虚幻的。我们可以选择相信，生活是随机的、毫无意义的，也可以选择相信它是井然有序的。而这些选择，也正是使我们自己和我们的生活产生巨大差异的原因。

然而，我们仍不知道思维是什么。也许我们不需要知道它到底是什么或在哪里。我们不能给它下个准确的定义，我们也无法在大脑的脂肪、褶皱和突起中找到它，但这并不代表我们不能学会如何更有效地使用思维。我们知道，大脑和思维正如思考和感觉，是密切交织在一起的，它们既是产生忧虑的毒素，也是排除忧虑的解药。

★ ★ ★

忧虑与大脑的发育

随着时间的推移，我们发现，由于生物进化以及个人发展，大脑一直在不断地获得新的能力。回首生命的时间轴，神经细胞最初出现在水母体内，原始的大脑最先出现在扁虫体内，所谓蠕虫的大脑无非只是蠕虫头部的感觉器官附近的神经细胞的集合。但随着纵横交错的神经元密度的增加，信息处理变得越来越复杂。

由于动物比蠕虫更复杂，它们的大脑也就比蠕虫的更大、更复杂。大脑就像一台计算机的中央处理器（CPU），接收来自感觉器官和记忆的输入，比较分析当前的数据和过去的经验，然后激活相应程序来帮助动物生存、茁壮成长并完成既定目标。

物种不同，大脑优先发展的区域也不同，因此，它们能够发挥自身优势来适应环境——例如，鸟会飞，囊地鼠会挖洞——但一般情况下，它们也会保留它们之前的物种开发的大脑结构。这样，之前的物种为了适应环境而进化出的身体或大脑结构会让后来的物种受益匪浅。人类的大脑中仍保留了鱼、蜥蜴、鸟类和其他灵长类动物生存所需的大脑功能，除了保留下来的这些能力之外，人类还进化出了新的能力，也正是因为拥有了这些新的能力，人类才能设想未来，才会未雨绸缪、规避风险并把握机遇。

但是，在想象中进行"时间旅行"的能力也可能会使我们感到忧虑。一不小心，我们就会自寻烦恼，变得失魂落魄。掌握更多关于大脑组织结构的知识，将有助于我们理解所谓的"软件升级"为什么能够起作用以及是如何起作用的。

✦ ✦ ✦

"三重脑"结构

20 世纪 50 年代，耶鲁大学伟大的心理学家、神经科学家保罗·麦克莱恩（Paul D. MacLean）首次提出三重脑的进化模型。他对大脑的三个主要层次进行了描述，他认为大脑的运行像"三个相互关联的生物计算机，每一个层次都有它自己特殊的智慧。"

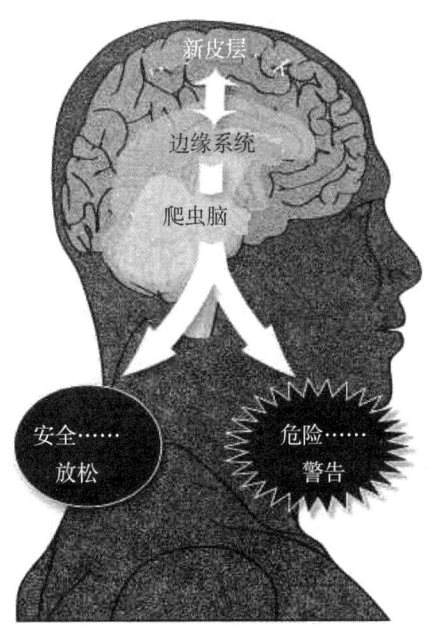

图 8-1　三重脑

尽管现在我们明白大脑要比这个模型复杂得多，但包含这三个层次的模型仍然非常有用，它能帮助我们了解自己的忧虑，以及如何减少忧虑。

后脑，我们的大脑最古老的部分，位于脊髓的顶端，它的主要功能是调节人体的基本功能，如饥饿、口渴、性欲、体温以及睡眠周期，通常被称作"爬虫脑"，这一区域最关心的是我们如何躲避那些可能攻击我们的物体，以及如何找到我们可以吃的食物或交配的对象。它会直接或反射性地对环境中的各种感觉进行回应，它感觉不到也处理不了情绪，它也不会对事件赋予任何意义，更无法进行思考。如果你待在一个安全、温暖的地方，吃着美味的食物，和另一个同类交配，那么这个初级大脑就会感到幸福。许多女性读者可能会认为这种描述也适用于他们的丈夫、男朋友或大部分男性。当了解过大脑的下一个进化阶段——情绪脑或边缘脑之后，对于其中的缘由，我们会豁然开朗。

人类与其他哺乳动物共有的边缘系统，能够接收和处理的信息比爬虫脑更复杂。边缘脑主要关注的是情绪处理以及我们情感关系的状态。情商的高低在很大程度上就取决于大脑的边缘系统，而在重要的生活竞技场上，女性在情商方面的表现一般比男性更为成熟老练。

研究表明，女性负责与情绪相关的重要功能的脑区的数量是男性的 3 ~ 4 倍。相比男性，她们更擅长识别面部表情、语音语调以及身体姿势中蕴藏的情绪，并且她们使用与情绪相关的语言的能力也更强。事实上，对于发育中的男性胎儿和男性青少年来说，睾酮最重要的影响之一是杀死大脑中负责情绪沟通的神经元。可爱的少年在把自己关在房间里几年之后，当他在14 岁或 15 岁重新出现时则会变为一个完全不同的人，如果你认识这样一位少年，那么你就见证了这一现实生活版的转变。

这并不是说男人没有情商，但这似乎意味着男性的这种能力已经被自然地削弱了，显然这是为存放领地意识、攻击意识和性意识而释放出了一定的大脑空间。这些都是对男性大脑而言十分重要的领域，它们确保男性能够生育、喂养并保护他们的后代。这些传统意义上男性关注的事情支持着物种的繁衍，使最强的、最具优势的基因继续传递。因为男性大脑中情绪处理的空间较少，男人容易忽略一些情绪线索和细微的情感变化，而这些在他们的女性朋友、伴侣和情人身上是十分明显的。男人的大脑根本就没有给这些事情配备足够的空间。

不论男性还是女性，位于其他两个脑区顶部的"思维帽"，也就是大脑皮层，它是大脑中最大的区域，是层次最高的脑，有时也被称为"新皮层"，负责处理认知并以此形成视觉、听觉、动觉（触觉）的图像，然后产生与这些感觉相关的判断、意义以及故事。这些解释和属性为每个人创造了独一无二的现实，这个现实并不仅仅只是我们所见、所闻、所感的结果，而是根据我们以往的经验、偏好、心理防御力以及心理承受力而不断修正的。正如我们所知，这种编故事的能力是人类独有的另一种能力。我们借鉴过去的经验来学习如何思考生活，这种方式会一直存在，继而影响到未来我们对事件的处理方式。这就是我们被糟糕的心理习惯困扰的原因。

我认识两个人，他们买彩票中了一大笔钱。珍妮表现出了我们意料之中的欣喜——对中奖、钱以及她面对的所有的可能性表现得非常兴奋。而沃尔特则不同，他显得非常焦虑，说："啊，太糟糕了。现在我要支付一大笔税金，我认识的每个人都会向我要点什么。"他的这种反应也让我一直很困惑，既然早知如此，为什么当初要买彩票呢。但问题的关键是，同样的事情发生在两个人身上，他们产生了完全不同的反应，原因是他们脑中展开的故事不同。

在这个案例中，中奖带来生活上的突然改变刺激了珍妮情绪脑中的兴奋，却诱发了沃尔特的恐惧。情绪信号上升到大脑皮层，想法、图像和记忆共同作用形成预测。他们各自的理性脑创造的故事所发出的信号又经过情绪脑和爬虫脑，并在那里激活了它们不同的反应。沃尔特的情况说明，他的恐惧制造了足够多的压力和焦虑，他需要在一段时间内服用抗焦虑药物。

恐惧和忧虑形成一个反响回路，不断地自我增强。经过一段时间，在家人的支持下以及认知疗法的帮助下，沃尔特才逐渐能够意识到中奖对他来说是一次好运，并能够从不同的角度解读中奖这件事。随着对这一事件内在叙事的改变，他的大脑皮层向他的情绪脑和爬虫脑发送了不同的信号，使他能够冷静下来，并停止用药。

我们几乎没有办法控制我们最初的情绪和直觉反应，因为它们走的是自然形成的"快速通道"，有了这种本能让我们才能迅速摆脱危险或抓住转瞬即逝的机会。但在初步反应之后，大脑皮层开始参与进来，分析和创造我们自己的经验故事。这些故事可以改变我们情绪反应的方式，使我们的大脑能够有意识地帮助我们。我们能够通过重新想象和重写大脑皮层中无意识存在的故事来重塑我们的大脑，对大脑的重塑能够改变我们对某些忧虑的感觉。

★ ★ ★

三重脑之间的相互影响

三重脑一脉相连，任何一级脑产生的脉冲都会影响到其他

两层脑。因此，在情绪上，我们会受到某些人或某些事物的吸引或对其产生排斥，然后我们会试图将其合理化并解释这种感觉。广告业者对这种"自下而上"的动机通路了如指掌，因此，他们的广告设计首先要引起情绪脑的兴趣。他们知道，如果一个广告具有强烈的吸引力，那么在观众的大脑中，有吸引力的图像和相关的产品就会联系在一起。当情绪脑喜欢它所看到的东西时，逻辑脑就会找一个理由来证明购买的合理性。这就是为什么啤酒广告里基本上都是漂亮女孩，化妆品广告里都是美丽的女人，满脸幸福的人能销售的产品多种多样，从药品到汽车，品类齐全。

但是，理性脑和情绪脑也有意见相左的时候，购物时的选择困难症就是一个很好的例子。你是否曾经真的很想买一双华丽的鞋子、一件首饰或一辆跑车，即使你知道对于你来说，它真的太贵了，也不实用，但是当时你就是很想立刻拥有它？你是否曾经在买东西时苦苦纠结，在"买"和"不买"之间摇摆不定？事实上，那都是理性脑与情绪脑之间的对话。

一个情绪化的决定只需耗时 12 毫秒，而理性的决定需要两倍长的时间。一旦情绪脑决定了想要什么东西，就会找出很多理性的论据来改变它的想法。这就是广告从业者首先针对情绪脑发力的原因。

如果我们的思维和感性脑达成共识，那么我们买或不买，我们要不要和男人出去约会，我们保留还是辞掉工作，所有的这些事就变得相对简单了。但是，当我们的理智和情感不一致时，我们就会发现自己的矛盾不安。事实证明，这不是因为我们有两种思维，而是因为我们有两个层次的大脑。

★ ★ ★

情绪脑也有大脑皮层

过去 40 年里，术语"右脑"和"左脑"几乎成了陈词滥调。尽管所有的逻辑思维都分配给了左脑，所有的直观性和象征性思维都分配给了右脑，这显得有些避繁就简，但这样的区分也表示不同脑区的信息处理方式确实存在巨大差异。对裂脑患者的研究也证实了大脑的两个半球都是高度智能化，右脑与图像和情绪结合较为紧密，而左脑则更倾向于负责语言与逻辑。

加州理工大学的神经学家罗杰·斯佩里（Roger Sperry）获得了 1981 年的诺贝尔奖，以此奖励他在人类脑半球方面的研究，他证明了人类拥有两个大脑——或者更确切地说，他证明了大脑皮层的两侧分别都具有独立的高级信息处理能力。我们的大脑皮层被分为两半，这看起来有点像一个超大的核桃，两部分（半球）之间由大束神经通路连接在一起。

在早期的研究中，斯佩里在实验室的猴子面前放置一块光板，光板上会闪过随机序列的数字，猴子们很快知道，如果它们以同样的顺序触碰光板上的数字，他们就会得到食物奖励。然后，斯佩里通过手术切断了猴子大脑的两个半球之间的联系，这意味着它只能将发光的数字序列发送到大脑其中的一个半球。当数字被发送到猴子大脑的左半球时，它的右手就会做出反应（每个半球控制身体的另一侧），然后依次敲击数字。当数字被发送到猴子的大脑右侧时，它的左手也执行了同样的任务。

当斯佩里分别发送两个不同的序列给猴子断开的两个大脑半球，它的左右手独立操作，同时在两个数字序列中敲击。就好像猴子的每一个裂脑中都有两个大脑半球，每一个大脑半球都同样能够进行独立学习并从事复杂任务。对于正常的猴子，大脑半球相互连接，每次只有一侧的大脑能够做出反应。大多数情况下，都是由占主导地位的左脑和右手做出反应，右脑的反应就受到抑制。

斯佩里的同事，神经外科医生约瑟夫·博根（Joseph Bogen）博士注意到，在接受这种分离手术之后，实验室的猴子并没有出现任何明显的神经系统问题，于是，他开始尝试为那些受到癫痫困扰的患者进行类似的手术。之前用常规的药物治疗都没能发挥作用，他们的生命一直处于危险当中，随时可能死于长时间的癫痫发作。博根希望通过分离大脑的两半球，至少将癫痫发作限制在大脑和身体的一侧，这样可以保证病人在癫痫发作时有一侧大脑可以控制，使患者可以继续呼吸。幸运的是，手术比预期的要成功，在 41 位接受该手术的患者中，除了一位之外，其他人的癫痫就再也没有发作过了。更加值得注意的是，当病人康复之后，他们的家人、朋友和检查医生并没有觉得他们的精神状态与之前有什么不同。

真正令人惊讶的是，为了分离大脑两侧半球，博根不得不完全切断胼胝体的神经纤维，也就是连接大脑两侧半球的巨大信息高速公路。通常来说，在两个半球之间，胼胝体每秒钟传送多达 50 亿个神经冲动——尽管大量的信息流中断了，但是患者在行为与个性上并没有发生任何明显的变化。

幸运的是，为了让我们更好地了解大脑功能，许多患者自愿参加斯佩里博士的测试。在一个实验中，被测试者坐在桌子旁，在一个屏幕下，他们可以摸到各种常见的事物，但他们看不见这些东西。斯佩里让他们将目光集中到自己面前的一个点上，然后以十分之一秒一个字的速度在他们视野最左或最右端闪过一个单词，从而一次只向大脑其中一侧发送信息。

看完下面这些实验的视频，你一定会目瞪口呆，觉得难以置信。起先，测试对象——暂时就叫他乔——他的大脑的左半球接收到"梳子"的信息，然后右手在屏幕下触摸笔、手表和书，然后找到梳子，拿起来。实验员问他发生了什么事，乔回答："我看到单词'梳子'，然后我在一堆物品中翻找，直到我发现了梳子，我就拿了起来。"

接下来，乔的右脑接收到单词"笔"的信息，他的左手立即在屏幕下翻找各种物体，直到他找到并拿起了一支笔。乔被问到发生了什么，他回答说："嗯？没什么呀。我只是在等待下一个信息。"乔根本没有察觉到自己是否接收或者发送出去任何信息，更没有意识到他的左手不仅在不断地移动，还准确地找到了所需的物品，并拿了起来。乔并没有意识到，他的大脑中拥有信息处理能力的区域正在运作当中。

在另一项实验中，实验员同时向乔的大脑两侧半球展示图片。他的左脑看到一张锤子的图片，而右脑则看到一张手锯的图片。实验员问他看到了什么，乔回答说"锤子"。随后，实验员让乔闭上眼睛，用左手（连接到他的右脑）画他所看到的一切，而他画的却是"手锯"。当乔看到这幅画时，他意识到这是手锯的画，但当问他为什么画手锯时，他也感到百思不得其解。你可以在 YouTube 上看到这个视频以及相关实验。当你看到这些视频时，你一定会觉得很不可思议。

通过这些精彩的实验，斯佩里的团队发现，乔实际上主要依靠的是左脑，我们定义的"自我"就是与我们的语言和辨别事物的能力紧密相连的。大脑的两个半球在进行手术分离之后，右脑的智力水平很高，甚至在执行某些任务时右脑的表现比左脑更好，例如在理解带有情绪的肢体语言、面部表情以及语音语调上。但是，因为右脑的语言能力相当有限，当人们想要通过语言来表达思想和情感时，相关信息需要穿过胼胝体到左脑的语言中心去。一旦信息到达语言中心，这些信息就可以直接用语言表达出来，但同时，这些信息也可能被修改、编辑、抑制，甚至忽略。一些常用的习语和脏话则是例外，因为这些信息是一种直接表达情绪的特殊方式。

因此，我们的大脑皮质其实可以分为两个区域，它们都可以处理信息，并用不同的方式来表达，其中一个区域借助面部表情、肢体语言和语音语调来表达；而另一个区域则通过语言来表达。当然右脑还可以通过素描、绘画、唱歌、舞蹈、音乐以及其他表现艺术来表达。两侧大脑就像感性与理性一样，在对待某些重大问题时，既可能不谋而合，也可能迥然不同。当左右脑意见相左时，占主导地位的左半球经常"处于优势"，至少暂时是这样的，因为相对于左脑来说，右脑的信息一般都未经过加工、编辑，语言能力也有限，而左脑则不同，它可以进行解释、叙事，甚至编造谎言。

对于大多数人来说，即使是左撇子，也通常是左脑占据主导地位，这也就意味着我们的主要语言中枢在左脑。语言中枢能够将我们作为独特的个体进行概念化的描述，这是实现自我意识的重要一步。大脑的语言中枢让我说："大家好，我是马丁·罗斯曼，我来自密歇根州的底特律市，但我现在住在加利福尼亚北部，我从事医生这个职业将近 40 年。"你也会用类似的方式描述自己，包括你是谁、住在哪里、职业是什么。如果不打算继续深入分析的话，这个描述已经完整地回答了"我们是谁"这个问题。但这是不对的，因为尽管这些确实是我们的信息，但要回答"我们是谁"，这些信息是远远不够的。

人类具有理性思考并运用语言和数字的能力，以及强大的想象力，这些能力使人类成为了地球上最重要的生物。也许正是因为这种进化所产生的令人震惊的新力量改变了我们的环境，让左脑已经有些自视甚高。因为它有命名事物的能力，所以，它将自己称为优势脑或主脑。确实是这样，因为当与更情绪化的右脑相比较，它确实更占有优势，但是如果想当然地认为左脑是唯一重要的脑半球，那么你就大错特错了。虽然在建造摩天大楼和执行登月计划过程中，逻辑思维是不可或缺的，但是，一旦涉及亲密的情感关系的建立和维护，或者对快速发展的威胁做出反应时，左脑几乎毫无用武之地。

人类对裂脑的研究表明，我们有另一种类型的"智慧"，它与我们通常的思考和描述世界的方式共存。这种智慧拥有自己的视角、优先顺序、信息处理形式和动机。它对我们日常生活的影响远远超出我们的想象。毫无疑问，这种智慧的无意识思维不仅存在于右脑，也存在于大脑两个半球的其他区域以及部分无法直接运用语言的边缘脑。它有亿万年进化的经验，可以指导并帮助我们解决问题。它更加注重事物之间的关联性，而非差异性，它擅长于识别空间关系和社会关系。把这种情绪或直觉中的智慧融入解决问题以及情绪管理的过程中，将大大提高我们善用忧虑的能力，它使我们能够充分利用大脑来缓解忧虑和压力，而不是制造它们。

要获取这种内在智慧的关键，首先需要使理性的大脑平静下来，让我们也能觉察到微妙、充满意象的想法，因为这些想法中也隐藏了情绪脑或直觉脑的信息。这个简单的动作为我们的思考和决定增加了大量的经验、智慧和脑力，使我们在困难的情境下可以调动我们所有的脑力。

* * *

用情绪脑与思考脑纾解忧虑

我们需要知道的是，大脑的不同区域有不同的信息处理方式，以及大脑的思维分区与情绪分区能够相互带动、相互刺

激，甚至还能相互安定。这些认知都有助于我们了解如何运用合理的方式来减少或解决忧虑。

简而言之，边缘系统、爬虫脑和大脑的右半球共同构成了情绪脑／直觉脑，而左脑则包含了所谓的思考脑。相比理性脑而言，大脑中负责情绪和直觉的区域对直接变化并不敏感，因为他们本能地对自己恐惧的或期待的事物反应更迅速。思考脑是大脑中影响力最大的区域。让你烦恼或忧虑的事情很容易影响你，因此，如果想要改变或修正这些影响，你首先要做的就是重新解读情绪脑／直觉脑发送到思考脑的信号。

人们看待烦恼的方式，往往是由长期的习惯决定的，所以有趣的新看法和观点往往是绕过或代替旧的感觉和行为模式的关键。意象的一个有趣的特性就是，我们通常可以有多种不同的解读。

★★★

改变大脑中已经建立的思维模式

芭芭拉，离异，是一位迷人的中年女士，她交友广泛。因为她机智幽默、善于交际并充满魅力，大家都喜欢跟她交往，她有许多爱慕者，也有一大群的女性朋友。尽管她很受欢迎，但芭芭拉对她的人际交往能力并不自信。几乎每一次与别人交谈之后，她都会备受煎熬，总是担心自己是否得罪了人或者有没有说什么蠢话，甚至会纠结对方是不是真的喜欢她。无论她是否真的冒犯了别人，她都会苦恼不已，然后就会打电话过去向对方道歉。她很焦虑，难以入睡。多年来，除了吃镇静剂以及喝酒之外，她一直在接受心理治疗。

关于别人对她的看法，她缺少自信，她大脑内部的预警不断地刺激着她，强迫她去检查可能出错的地方，并思考怎么才能纠正。在她忧虑时，如果我们用功能磁共振成像来观察芭芭拉的大脑，能不能看见她的痛苦到底来自哪里？是她的思考脑还是她的情绪脑？是因为她认为，在某种程度上，自己做得不够好、不够聪明或不够美而刺激了她焦虑的情绪，还是她的情绪脑感觉到也许别人会抛弃她，留下她一个人，从而促使她的理性脑试图了解如果想继续与他人交往，自己应该做哪些改变？也许这两个原因都有。其实，知道这两个原因的先后并不重要，真正重要的是，要了解她有能力改变自己的想法和感觉模式，并找到一种对她来说更真实、更舒适的模式。

当她处于轻松而精神集中的状态时，我让芭芭拉邀请一个意象来给她一些有用的建议。她脑中出现一个巨大的多面水晶球，这让她感到很讶异，"有点像迪斯科球，"她说。球慢慢地旋转，反射出许多面的光。从不同的镜面中，她看到了自己不同的面孔，感觉到了多种不一样的情绪。她从其中一个镜面里看见，幼年的自己一个人在房间里孤单地度过了许多时光，而她的父母则忙着在外应酬；十几岁的她出现在另一个镜面里，正为自己的皮肤发愁，又担心自己的胸部会不会发育得和其他女生一样；第三个镜面里，她已经成年了，正和朋友们在聚会狂欢；转向另一个镜面，她又变成一位幸福的年轻妈妈怀抱着自己的女儿。在球的其他镜面里还有许多她的其他样子。

当她在观察这个意象时，她突然说："知道吗？这所有的一切都是我。我既可以过得幸福、自得其乐，也可以变得焦虑不安、孤单寂寞。我知道了，其实如果我愿意，我可以挑选自己想要的生活方式。"她继续看着球慢慢旋转，她明白了，她身边的其他人也像镜子一样，他们反映并影响了她生活和个性的各个方面。

对于芭芭拉来说，镜面意象非常有用。她谈到，改变她看镜子的角度实际上改变了她观察的方式。她开始发现，其实她是可以改变与别人相处的方式以及看待问题的方式的，而且，她也发现，自己其实有很多选择，只是之前并没有意识到而已。她还发现，酗酒严重影响了她选择如何表现自己的能力。酒醒第二天，她经常懊恼不已，因为她总是不记得前一天晚上发生的一切。

芭芭拉发现，她可以开始有意识地使用反射球"照亮"她想展示或与他人分享的部分。在她的治疗中，她变得不那么关心自己是如何形成之前的处事方式的，而是更专注于如何变成自己想要的样子。能够选择自己想要展示的特质让芭芭拉感觉她更能掌控生活，从而变得更加自信，也不那么在意别人的看法了。

芭芭拉开始在各种社交场合下学习冥想，很明显，她变得不那么焦虑了，她也很少饮酒，几个月后，她已经可以不服用抗焦虑的药物了。芭芭拉改变了她的思考方式，尽管我们没有对她采取任何的大脑扫描，但几乎可以肯定的是，她改变了长期以来在她大脑中建立的思维模式。

✲ ✲ ✲

大脑强大的变化能力

在过去的 15 年或 20 年间，我们已经了解到，大脑自始至终都在不断地学习和改变，从不停歇，大脑的修复能力比我们从前预想的要强大得多，而且大脑的某些区域可以承担其他区域因遭到破坏而失去的功能。大脑可以改变和适应的程度是近

年来最令神经科学家们感到惊讶的重要发现。

在《重塑大脑》(*The Brain That Changes Itself*)一书中，哥伦比亚大学的心理学家诺曼·道伊奇（Norman Doidge）给我们描述了一个实验，先天失明的人可以学会在完全陌生的房间里自由行走，避开障碍物，就好像他们看得见似的。其实，这都要归功于他们戴上的微型摄像机，这些摄像机能够将视觉信息转化成小的电波信号，通过背部或舌头传送给他们。值得注意的是，他们处理来自眼睛的视觉信息的那个部分接受了这种新的触觉输入法并对信息进行处理，给了他们某种"视觉"能力。道伊奇在书中描写了许多其他的例子，通过大脑提供的相应刺激，人们得以重新获得某个已失去的或之前不存在的功能。

道伊奇普及的关键信息是，即使大脑的某些区域已被摧毁或长时间未使用，但大脑还是能够学习新的模式。对于那些想学习新的技能和新的思维方式的人来说，这项研究成果是令人欣喜的，它告诉我们，只要勤加练习，我们不仅可以改变思维，还能改变大脑。

* * *

我们能通过改变思维来改变大脑吗

许多与本书提到的解忧方法最直接相关的研究都出自杰弗里·施瓦茨（Jeffrey Schwartz）博士的实验室。他与别人合著了《思维与大脑》（*The Mind and the Brain*）一书，同时他也是加利福尼亚大学洛杉矶分校的精神病学副教授。施瓦茨发现，有重度强迫症（OCD）的人仅仅练习 10 周之后，就可以开始搭建新的脑通路来摆脱强迫性反应。一直以来，强迫症是非常难治疗的心理疾病之一；药物以及各种形式的心理治疗都收效甚微。

强迫症患者常被某些不由自主的想法而左右，因此，为了摆脱这些想法给自己造成的不适，他们不得不采取行动。他们强迫性的想法往往很荒谬，例如，他们感觉自己会因为接触门把手或其他常见的物质表面而感染某种可怕的疾病，而他们被迫采取的行动通常又是高度仪式化的，如反复洗手。尽管强迫症患者也意识到他们的恐惧和忧虑有些莫名其妙，但他们发现自己几乎没办法抗拒利用强迫性仪式来缓解焦虑的举动。仪式

占去了他们很多时间，对他们的人际关系和自尊心也都产生了极其不利的影响，这让他们痛苦不已。

通过使用正电子发射型计算机断层显像以及功能磁共振成像扫描，施瓦茨博士找到了将强迫性思维从思考脑带到情绪脑的特定通路。他称这种神经突触的轨迹为"强迫症通路"，这与之前加利福尼亚大学洛杉矶分校的研究员卢·巴克斯特（Lew Baxter）博士所说的"忧虑通路"是相同的。

简单来说，我们的前额叶皮层（前额后面）有一个区域，会在大脑发现错误或事与愿违的情况下发送信号。这种差异信息会被发送到大脑的纹状体区域（或尾壳核复合体），这个区域位于皮层的思考脑与情绪脑边缘之间。这个大脑区域接收来自思维和情绪区域的信息输入，然后发送信号，以刺激或抑制我们思维的或者一个物理动作的变化。对于大多数正常人来说，用下面任何一种反应就可以很快解决问题：要么我们意识到这个问题不是一个真正的问题；要么我们采取行动来处理它。然后我们继续前进到下一步。

然而，对于有强迫症的人以及习惯性忧虑的人来说，错误预警通路一直处于"启动"状态。随之而来的焦虑不安会引发强迫性的或反复性的忧虑，或者强迫行为，如暴饮暴食、过度饮酒、吸烟、购物或其他任何暂时缓解不适的行动。

　　施瓦茨的成功在于，他注意到强迫症患者经受着既明白自己的思想和行为是不合理的，又不得不被迫重复仪式性的行为的巨大痛苦。他说，因为这些患者已经意识到自己的思想和行动，那么他们的大脑必然有一部分不受影响的区域是可以用来改变他们的思想和行为的，甚至最终可能改变大脑的故障区。

　　施瓦茨教授给一群强迫症患者一种方法来提高观察他们强迫性的想法以及开发新的回应方式的能力。在解释强迫症的脑通路时，他告诉患者，他们首先应该要明白，自己的问题是源于大脑的异常活动而不是个人的软弱或疯狂，也不要给自己贴标签。训练时，他让学员们在采取任何行动之前都要等待 15 秒或 15 秒以上的时间，然后再将自己的思维集中到一个更健康的思想或行动上，以代替典型的强迫行为。

　　在 10 个星期的课程小组中，学员们重点了解了强迫症的本质并接受了各种技巧的训练。活动课程结束后，施瓦茨拿到了实验对象新的脑部扫描结果。他发现，一半以上的人的大脑激活模式已经接近正常。他们之前过度活跃的忧虑通路已经明显平静下来了，大脑活动也更为稳定。他们的症状也大大减轻了——这比强迫症患者的传统治疗效果更好。

　　施瓦茨还发现，当那些强迫症患者练习这些新的思考技巧

时，他们实际上在思考脑和情绪交换站之间搭建了一条新的脑通路上，这条脑通路在一定程度上抑制并覆盖了忧虑通路。他将新通路称之为"治疗通路"，也许我们可以称之为"抛开忧虑，拥抱快乐"的通路。

施瓦茨也首次证明了，思维可以通过教育、学习和选择来改变，并且当它发生变化时，它还可以改变大脑。这种自我定向的神经可塑性是人类拥有的最重要的能力，而施瓦茨的论证也有力地证明了我们确实可以改变忧虑的习惯。尽管改变任何现有的思维模式都需要时间和努力，但习惯性的忧虑应该比施瓦茨的强迫症患者的思考方式更容易改变。

因此，是的，我们可以用思维来改变大脑。我们可以自由选择自己的关注点，这些选择可以改变长期的习惯和与之相关的大脑通路。大脑比我们想象得更具有可塑性，它能够在任何年龄段学习和适应新事物。老狗真的可以学习新把戏。

既然盲人可以学会看，那么你也可以学会改变你的忧虑习惯。如果强迫症患者可以让他们集中注意力，那么你也可以做出改变。不要让你之前的脑通路左右了你。

如果你已经认真读完了前面的章节，相信你应该已经了解了如何观察你的想法、放松身心，以及如何运用意象思维来从大脑里语言能力较弱区域内的情绪智慧和直觉智慧中受益。

如果你是直接跳读到这一章，那么你可以返回去，用那些可以表现右脑和边缘脑智慧的方法做一下实验。右脑思维包含了全部能大大增强你减少忧虑能力的脑力，当你忧虑时，这些脑力还能让你善用自己的忧虑。在下一章中，我们将详细讲述为什么右脑或意象思维可以大大提高你善用忧虑的能力。

THE
W
ORRY SOLUTION

第 9 章

隐藏在我们的情绪与直觉中的智慧

智慧有两种：一种来自头脑，一种来自心灵。

——查尔斯·狄更斯

情绪脑/直觉脑在很早之前就已经形成，并一直指引着我们。也许是从我们出生那天起，也许更早之前，也许是当我们第一次看到父母的眼睛，感受他们的触摸，闻着他们的气味，听到他们的声音的时候。有人说，其实，早在母亲的子宫里，我们就已经与母亲有心灵感应，对她的心跳以及情绪会产生反应，从那时起，我们就开始与母亲建立情感联系。一出生，我们就可以根据别人的面部表情、语音语调、身体姿势以及自我感觉来判断自己的表现如何，是否惹人疼爱或被人接受，是否处于危险之中或受到威胁。这些早期感知对我们在这个世界里的归属感和安全感有着极其深远的影响。

情感联系对父母也有重要的影响。心理学家托马斯·刘易斯（Thomas Lewis）、法里亚斯·阿米尼（Fari Amini）、理查德·兰农（Richard Lannon）三人合著的《爱的一般理论》（*A General Theory of Love*）一书中提到过，为了保护后代，情绪脑得到了进化发展。爬行动物产卵的数量很多，即使没有母亲的照料（确实常常没有），其中一些还是会存活下来。然而，

胎生哺乳动物和灵长类动物，比如人类，通常一胎只有 1~2 个幼儿，所以我们有义务精心照料他们。情绪脑的进化发展让人类开始建立联系并产生情感以及保护的本能，这些进化发展都有助于人类确保尽可能多的后代免遭夭折，并且安全地度过较长的幼儿生长期。随着情绪脑的发展，它逐渐成为了人类情感冲动的控制中心，不论是浪漫的爱情、孝道、友谊以及群体动力都由它负责控制。

随着年龄的增长，情绪脑还持续影响着我们生活的方方面面，比如，如何交朋友，如何在社会群体中进行互动，如何对某个人产生迷恋，等等。约会、结婚、生儿育女、发展并维护工作关系和友谊，都取决于我们能否流畅自如地驾驭情绪。与大多数能力一样，有些人在这方面极有天赋，有些人却看起来毫无头绪，大多数人则介于两者之间。

人类常得意于自身的智力和逻辑思维能力，却往往低估甚至并不了解自己的情绪与直觉，事实上，我们在很大程度上受制于情绪与直觉。尽管《纽约时报》科学作家丹尼尔·戈尔曼（Daniel Goleman）1995 年出版的《情绪智力》（*Emotional Intelligence*）一书十分畅销，但其实我们并没有接受过真正意义上的情绪教育。正是由于我们对情绪一无所知，我们才会感到焦虑、抑郁，会受到暴力、酒精和毒品问题的困扰，我们会暴饮暴食、彻夜狂欢。在我看来，所有这些症状都与不知道如何回应和处理强烈的情绪有很大的关系。

作为一名治疗慢性疾病的医生，我对情绪脑 / 直觉脑的运作方面的研究有浓厚的兴趣。慢性疾病病情的发展，在很大程度上取决于人们如何照顾自己。多年来，我一直把"照顾"当成一种行为，指的是你如何照顾自己——有没有刷牙，有没有吃太多的垃圾食品或吸烟等。在我 40 年的行医实践中，我发现，关爱自己的核心在于你在情绪上是否关心自己，即你的情绪脑 / 直觉脑有没有真正参与其中。

为了更好地帮助我的患者，我研究学习了动机心理学，我发现，当涉及到总体健康状况时，情绪的作用显然是至关重要的。几乎所有人都知道哪些行为有益于健康，例如，多吃蔬菜、避免吃垃圾食品、经常锻炼、不吸烟、管理压力，并努力去过有意义、充满爱的生活。这听起来很简单，可为什么对于许多人来说就那么难呢？

我认为，其中的关键就是自我形象——无意识情绪脑的强烈印象，它会告诉我们，我们是谁、我们在世界上的什么地方、我们能做什么、什么是我们应得的。尽管我们并不能直接感知到自我形象的存在，但我从中得到了启发，因此在治疗过程中我会让患者想象一个能代表他们自我或本质的意象。这些意象的多样性和情绪的力量都让我惊叹不已，这些意象包括"闪耀的明星""深藏不露的人"或"糟糕透顶的人"。你可以想象，给出答案的这三个人有着迥然不同的人生经历，而他们对各自的内在认知也将继续影响着他们的日常生活。

对自我形象的感觉，直接影响着我们生活的方方面面，例如我们怎么吃、吃什么、身体活动水平、寻求和发展什么样的关系，以及我们的健康状况。自我形象有可能让人产生悲伤、失望、愤怒和恐惧等情绪，当然，这些情绪也可能是由于我们对自我形象与对生活的认知之间的差异造成的。这些情绪在生活中有许多不同的表现方式。在医生的办公室里，患者们未解决的情绪痛苦或矛盾有时会以焦虑或压力的形式出现，但最常见的则是身体疼痛、疲劳、失眠或由某些行为所带来的毒副作用，如吸烟、饮酒过量、饮食不当、药物滥用或 A 型行为。①

多年来，为了更好地了解患者们的痛苦来源，并以此确定相应的治疗方法或自愈方式，我认真聆听他们的倾诉。就像大多数有治疗取向的人，我学会了倾听字里行间的意思，因为语音语调的变化、姿势、弗洛伊德式失言都极有可能让我了解大多数身体症状的发源地，也就是情绪的核心。②尽管有些时候我能够帮助患者确定她痛苦的来源，但大多数时候，它仍然是难以捉摸、难以理解的。后来，我学会了运用意象——

---

① A 型行为是一种可能与冠心病危险性增高有关的生活方式。其特征是精力和驱动力始终强烈，即使在休闲活动中也像在工作时一样处于高水平竞争状态，当不能完成目标或超过最后期限而遭遇挫败时有明显的敌意。——译者注

② 弗洛伊德式失言指某人无意间说出了自己的真实感受。——译者注

情绪脑的母语，因此了解思维、身体以及精神之间的互动就变得更加容易。

***

意象——情绪脑的罗塞塔石碑

罗塞塔石碑是 1799 年拿破仑·波拿巴的军队在埃及罗塞塔发现的一块古老的玄武岩石碑。石碑上面用三种不同的文字刻了同样的内容：古埃及的象形文字、埃及的通俗体文字和古希腊文字。因为希腊语是一种已知的语言，所以学者们终于能够得以破译象形文字，并解开困扰他们几百年的未解之谜。

加利福尼亚大学旧金山分校精神病学教授马丁·霍洛维茨（Martin Horowitz）提到，大脑将我们的经验转化为心理表征的三种基本形式：肢体动作、语言以及意象。在试图了解疾病的症状过程中，患者通常会将症状告知医生，因此，讲述过程包括了身体和语言形式，但它们之间是如何相互关联的仍是一个谜。利用无意识的情绪和直觉来提供相关情况的意象，这往往透露出身体正在利用这些症状传递某种信息。意象往往使我们能够更清楚地了解情况，进而提出有利于消

除忧虑、痛苦的情绪模式。下面我们来看一个案例。

丹妮卡，28 岁，银行副经理，她一直为自己的体重问题苦恼不已，但她又经常在晚上暴饮暴食。"我知道我应该吃什么，而且大多数时候，我吃得很健康，"她告诉我，"但不知道怎么的，突然之间，我的面前就散落了一张张巧克力的包装纸，就好像有人接管了我的身体！"

我鼓励她让一个意象进入她的脑中，那个意象代表的是暴饮暴食的那个自己。一只毫无章法、低头乱窜的蜜蜂出现在她的脑中。她说，这只乱窜的蜜蜂让她想起了自己长久以来的不安感。于是，我让她再找一个能让蜜蜂安静下来的意象，她脑中立即出现了一朵美丽的鲜花的意象。她想象着那只疯狂乱飞的蜜蜂落在花上，吮吸着花蜜，蜜蜂感到越来越满足。与此同时，她也开始慢慢放松。当我下一次见到她时，她说，每当她开始感到焦虑或精力不集中时，她就会用这个简单的意象来让自己平静下来，集中注意力。她还发现，蜜蜂的意象点醒了她，启发她应该多去关注生活中那些令人怡然自得的东西，而不是漫无目的地为了满足每个人的期望而东奔西跑。停下来，吃顿午饭、吃些零食、深呼吸、休息片刻，然后了解一下身边的趣事，她发现这能让她平静下来，让她充满活力，就像花儿和那只蜜蜂一样。她告诉我："我发现如果白天我没有好好照顾自己的身体并放松情绪的话，晚上我就会大吃特吃。"自从她学会了更好地照顾自己，她发现晚上想吃东西的欲望很快降低并最终消失了。

***

意象是一种古老且自然的思维方式

想象力的历史比理性思维更加悠久。在语言出现之前，我们的祖先已经在它的帮助下生存了数百万年了。随着迁徙能力的进化发展，动物们需要一种方法来记录自己的生存环境，比如地图，否则它们就没办法回到自己的居住地。当一头老虎在自己的领地上巡视时，它脑中肯定有一张"地图"，上面有它的猎物、猎物的藏身之处、水源地以及潜在的危险。当家猫听到电动开罐器的声音往楼下冲时，它脑中也肯定有一张"地图"，正是这张地图引导它以最快的速度奔向它的晚餐。

在史前某个未知的时间，人类大脑构建空间环境地图的能力进化成了能够想象实时环境以及不同环境的能力。这种进化式的变化给人类带来了创造力和忧虑，因为事情往往不是按照我们希望的方式进行。这种现实与想象之间的差异正是痛苦的根源。

在人类历史上，人类的绘画作品在书面文字出现之前就早已存在了。法国南部的洞穴墙壁上的画比第一种书面文字的出现至少早 15 000 年。这证实了史前时期的动物和事件具有极强的视觉观赏性，同时，还证实了我们的祖先很早就具有用画图的方式来形象地描述自己周围的环境以及经历的能力。

我们再来看一下最早的书面语言，它们大多是图像式的，用图案来代表物体，然后逐渐演化发展进而代表更多抽象的概念。埃及的象形文字以及汉字都是这些绘画语言很好的例子。

童年智力发展的方式也表明意象是一种比文字更古老、更经得起时间考验的思维方式。在婴儿期，我们就已经开始会想象，构建一个内心世界，这个内心世界里面有我们的父母、兄弟姐妹、亲戚朋友以及宠物的面容和声音，还有新世界里的景象、声音、对其他事物的触觉。在学会阅读和写作之前，我们早已学会绘画、上色。与此同时，我们还在不断接收大量来自外部世界的数据，所以，我们每天都要花费大量的时间来在内心世界里整合这些数据。后来，有人教我们阅读、写作和算术，我们的大脑开始发生变化，更多的注意力会转移到学习逻辑思维上去，因为逻辑思维对于成年人来说大有裨益。

但不幸的是，这种左脑教育一旦开始，就几乎不会有人教我们如何去巧妙地运用想象力来培养创造力和解决问题的能力，以及提高情绪智力。我们右脑的智慧经常被忽视，人们甚至还会为了理性思维来压制情绪智力。这样的错误观念会产生许多不利的后果。

心理学家理查德·拉扎勒斯（Richard Lazarus）和伯尼斯·拉扎勒斯（Bernice Lazarus）在他们合著的《激情与理性：弄清我们的情绪》（*Passion and Reason: Making Sense of Our Emotions*）一书中曾写道："情绪是人类在这个世界生存下来的重要工具。情绪的进化与发展是为了给我们顺利生活铺平道路。"他们还指出："情绪和智力密切相关，这也是为什么人类在拥有如此高智商的同时，还会被情绪左右。"

这也正是我们有必要去更好地了解意象的原因，因为意象是情绪脑／直觉脑的母语。就像罗塞塔石碑帮助人类破译象形文字，意象可以帮助我们更好地获取隐藏在忧虑、健康行为和身体症状中的情绪与直觉的智慧。

＊＊＊

悠久并不等于优越

的确，从进化上来看，意象是一种更为古老的思维方式，但仅凭这一点就断言意象是一种更为优越的思维方式，恐怕就有些偏颇。但不可否认的是，在处理人类生活问题时，尤其是与人际关系和情绪相关的生活问题上，意象确实是历史悠久、经验丰富。因此，对于这类问题引起的忧虑、焦虑和压力，我们可以通过学习使用情绪脑的自然语言来避免或减少。

意象是一种语言。它是梦、幻想、记忆、回忆、计划、投射和希望的语言；它是艺术、情绪、内心身处的自我以及大脑中古老智慧的语言；它是找回情绪智慧与直觉智慧的神经捷径。正是这些智慧亿万年来的引领使得我们得以繁衍与发展，或者说至少生存了下来。每当我们无所适从，或对某件事束手无策时，意象就会为一直以来缄默不语的情绪与直觉腾出空间，让它们表达自我，给我们的观点添加智慧。

朱莉，46 岁，是一名保健医生，在我的意象班上主动要求做示范。她告诉我，三年多以来，她的前臂一直有剧烈的疼痛，曾被诊断为肌腱炎，她也看过很多医生了。所有的方法都不管用，包括密集的物理治疗、夹板甚至大剂量的麻醉药物。

我引导朱莉进行放松，然后让她开始进行意象练习，从意象中获得一些关于疼痛的有用的信息。她胳膊上的黑色钢条很快出现在她的脑中。她不明白这些钢条和她的疼痛有什么关系，所以我问她注意到那些钢条有什么特点了吗，她说，它们看起来很坚硬、冰冷、不易弯曲。她还补充说，就在她讲述钢条的特点时，她祖父的形象突然出现了。我让她继续观察，看看是否还有什么新的意象出现。她说，在祖父生命的最后两年里，都是她在照料祖父，因为她是他唯一的亲人。朱莉说，她的祖父是很难相处的人，就像那些钢条一样坚硬、冰冷，而且不肯屈服，这使得照料他的过程很艰难。她还回忆说，就是在那段时间里，她的手臂开始疼痛。

我让朱莉想象，她能够与祖父的形象对话。她说，她想问他为什么一直这样，这是她在现实中从来不敢问的。她发问后，我鼓励她想象祖父能够以一种她能理解的方式与她沟通。在她的想象中，祖父说，他就是这样长大的，没有更温柔地对待她，他感到很抱歉。他说他非常爱她，也感谢她给他的所有帮助和爱。朱莉从祖父身上感受到一丝暖意，这让她既震惊又感动。过了一会儿，我建议她向祖父的形象表达感谢，她想象祖父伸出手来拥抱她。

这次的意象练习之后，朱莉感觉如释重负。我们花了几分钟时间回顾了她的经历，然后我让她注意现在手臂的感觉如何。她惊讶地发现，手臂已经没有像刚开始那样疼了。

后来，朱莉去向一位心理治疗师寻求帮助，治疗师也鼓励她继续以这种方式与祖父"交谈"。在六次会面之后，她的疼痛完全消失了，也没有再复发。

朱莉的故事中有趣的是，意象引导她意识到感觉与身体疼痛之间存在一定的联系，尽管存在这样的联系，但往往又很难从理性的角度来理解。意象在这里起了很重要的作用，填补了之前遗

漏的信息，而正因为遗漏了这些信息，才让朱莉和她的医生一直对手臂疼了这么长的时间的原因迷惑不解。

这么看来，意象好像可以带我们登上一条虚拟的玻璃平底船进入我们的无意识大脑，让我们发现隐藏在其中的智慧。我们也许可以这么说，在没能更直接地表达自我之前，朱莉一直沉默不语，所以情绪脑只能借由她身体的疼痛来进行控诉。只要朱莉听到、感觉到并理解了这些信息的含义，她的情绪脑就会停止发送需要她关注的信号。

★★★

意象思维的其他几个优点

除了与情绪紧密相连之外，意象还能对复杂的信息进行编码、存储、提取并处理。举个例子，回忆一个曾让你感到非常愉快的经历，即使现在想起来，你都还感到很开心。现在开始想象，你又再次出现在那里，留意观察你看到的、听到的和感觉到的一切。

假如现在要求你把那个经历写下来或者口头讲述给我听，我敢打赌，你也许会花上几分钟到半个小时的时间，写上几句甚至几页的内容。但在你写完之前，你早已把那里的景色、声音和气味全部回忆起来了，你甚至还能回想起当时快乐的感觉。意象是多维记忆的快速访问通道，它不仅包括感官细节，还包括当时的感觉。事实上，它是伴随着事件而产生的强烈感觉，这些感觉会告诉大脑，这是否是一个值得长期保存的记忆。

意象思维的另一个重要方面是，它是一种有效的生理刺激器。例如，如果你对某样东西垂涎三尺，你可能会流几滴口水，但是如果你想象自己在吮吸柠檬，你流的口水可能会更多。假如你想了解强大的想象力会如何影响身心，那么想想性幻想的影响吧。如你所知，你究竟会做出应激反应还是放松反应，这都取决于你对不同想法和意象的关注。

最后一点，意象作为能够进行同步信息处理的大脑语言，可以快速展示一种或多种情况的概貌，有时即使不是概貌，也至少是贯穿其中的重要线索。它对大脑处理文字和数字的一连串信息起到了必要的补充作用。借助于意象，在分析现状时，我们可以将其分解为一个个独立的组件，并对此加以分析。朱莉的例子就能很好地说明，意象是如何帮助我们看到整片森林，还有林中的树木的。

为了帮助我们更好地理解两种思维方式的差异，心理学家罗伯特·奥恩斯坦（Robert Ornstein）打了一个比方。想象两

名观察者正在观察一列沿着轨道行驶的火车。其中一位站在轨道旁的观察者，类似于左脑，只负责思维的连续性，他的观察结果是，火车一节一节地经过他的身旁，一节接着一节，一前一后，依序驶过。另一名观察者，类似于右脑，负责综合、同步思维，她站在轨道上方数百英尺高的热气球里。从那个位置，她可以看到整列火车经过的村庄、驶离的城镇以及将要驶入的城镇，还有远处山上的日出。几乎是同一时间，她看到了整列火车的样子，火车所经之地的地形走向，以及这些地方是如何连在一起的。

我重申一次，没有哪一种思维方式一定比另一种更优越，每一种思维方式都有自己的优势，只是所涉领域不同罢了。理性思维和顺向思维有助于我们完成计划、量化、发明、构建以及有时间限制的协议。而综合与同步思维则有助于我们理解我们与周围的人、地点和可能性之间的关系。每一种思维都有其适用的场合。比如，看心情平衡收支，或者给叛逆少年讲道理，这都是思维用错场合的例子。

✦ ✦ ✦

直觉与情绪的内在联系是什么

我们从无意识思维的情绪本质中了解到，大部分的情绪与右脑和边缘系统存在联系时，我们必须对情绪与直觉之间的联系略知一二。直觉是不使用理性或逻辑进行认知的艺术。直觉一词来源于拉丁词根，意思是"往里看"。在我们的人生旅途中，内心世界的表达就像一个内部导航指引我们前进，如果我们认真倾听并巧妙运用这个导航就能让我们获得来自情绪与直觉中的智慧。

直觉不仅与情绪有关，还与警惕性密不可分。事实上，如果想善用直觉，首先应当学会区分警惕性、恐惧、直觉三者的不同。朱迪思·奥洛夫（Judith Orloff）博士，《第二视力》（*Second Sight*）和《情绪自由》（*Emotional Freedom*）的作者曾说过，直觉的特点就是打从心底觉得"对"，不带情绪地传递信息，语气温和但坚定。就像内在智慧意象的做法，内在智慧就像一个直觉的信使，使得直觉变得不再那么遥不可及。

另一方面，恐惧是一种强烈的情绪，有时会令人感到恐

慌，而恐惧通常也并非源于平静专注的内心。但这并不意味着听到灌木丛中有沙沙作响时你不应恐惧；这只是因为恐惧与直觉智慧是不同的。直觉利用的是无意识感知，它来自于大脑中关注情绪表达和事物之间的整体联系的那一片区域。直觉是在语言出现之前大脑的功能之一，帮助我们的祖先成功应对各种生存挑战，并从大量的生活经验中积累了智慧。

★★★

直觉对科学进步的启发与理性一样多

直觉不仅对我们的人际关系与个人境遇至关重要，还对人类通过科学获得知识的进步起到了举足轻重的作用——这是我们最伟大的科学家都认可的真理。爱因斯坦曾经说过："直觉是唯一真正有价值的。"他还声称："想象力比知识更重要。"乔纳斯·索尔克（Jonas Salk）博士是脊髓灰质炎疫苗的发现者，他也赞同这个说法，他曾说："直觉会告诉我们接下来该怎么做。"

两位杰出的思想家都意识到了直觉在科学领域重大发现中的作用。爱因斯坦说，他是在听音乐的时候想到相对论的。其实，每当他被物理问题难住时，他就会听音乐，顺便放松一下思维。而他发现，在放松的状态里，之前利用理性分析得不到的解决方案常常在这时就会突然出现。

奥古斯特·科库勒（August Kekulé）是 19 世纪欧洲最杰出的化学家。他和同事们多年来一直试图了解苯的化学结构，因为当时的科学知识还无法解释它所有的属性。听说有一天，科库勒陷入遐想，他看到一条蛇正叼着自己的尾巴，他立刻意识到苯分子是由碳原子构成的环状结构。这一发现对了解生物化学和有机化学起到了至关重要的作用。在科学上以及日常生活中，智力和直觉在理解世界、应对挑战过程中互为补充。

虽然我们都在学校里学习了阅读、写作和算术的逻辑语言，但我们大多数人在如何使用意象的情绪语言方面，从未接受过任何正规教育。因此，当意象被人们重新了解并加以利用后，人们会发现通过意象所产生的能量居然如此强大。这也是为什么我要费尽周折地教你一些使用它的重要方法。如果你已经通过本书开始进行相关的练习，你应该已经了解到，意象有助于你放松并改善心理和情绪上的调节能力，从而获取更深层次的智慧和创造力。意象能帮助你调动所有的脑力来解决生活中的困难，并帮助你管理压力、焦虑和忧虑。

因为想象力是大多数忧虑的罪魁祸首，所以我们有理由相信它也是减少或消除忧虑的锦囊妙计。利用意象进行的思考具

有全面性和综合性，能够给我们提供更多的宏观信息。就像在朱莉手臂疼痛的案例中，意象练习帮助我们了解情绪与身体之间的相互联系。意象与创造力和解决问题的能力息息相关，因为意象能让我们从新的视角看待原有的问题。利用意象进行思考不仅能大大提高你随意转换情绪的能力，还能塑造你的优秀品格，使你变得强大。这可能是想象力具有的最积极正面的作用，我会在下一章里介绍给大家。

其实，我们的目标不是成为仅用左脑或右脑思考的思想家，而是学会用全脑思考。也就是说，我们不仅要能够有条理地分析情况，还要将这种思维与情绪和直觉结合起来。因此，无论哪一种心理功能，只要是适用于解决问题、纾解忧虑以及让我们尽可能幸福自由地生活，我们都希望能够一试。这两种思维方式是我们与生俱来的权利。我们只需要去发掘并学会充分利用它们。

THE
W
ORRY SOLUTION

第 10 章

塑造优秀品格

> 想象力是一匹带你到这片广袤的大地上驰骋的骏马，而不是将你带离这个充满无限可能的世界的魔毯。
>
> ——罗伯逊·戴维斯

chapter **10**

第 10 章

塑造优秀品格

（扫码听练习）

优秀品格意象法

（参见本书 251 页至 257 页）

如果你已经完成了这本书到目前为止所有的练习，那么你应该已经学会放松，学会观察你自己的想法和感情，学会理清你的忧虑，转化那些曾让你无能为力的忧虑，并在必要时采取有效的行动。你应该也学会了当事情不明朗的时候，或者在你需要额外的帮助时，如何向内在智慧寻求帮助。

接下来，我将介绍一种意象冥想。这种冥想的目的在于塑造和提升个人品格涵养。优良的品格能培养人们随遇而安的心境，增强个人意志力，使人们在遭遇困境时能披荆斩棘、排除万难。在生活中，当你不打算安于现状，选择迈步向前时；当你无可奈何，选择坦然接受时；当你力不从心，选择顺其自然时；当你不再耿耿于怀，选择冰释前嫌时；抑或当你忍无可忍，选择改变生活时，你突然觉得自己好像缺少了某种特质。这时，你可以运用这个意象冥想来帮助你塑造或增强自身品格，变得强大。

詹妮尔，34 岁，她在与交往了 6 年的男友分手之后向我寻求帮助。尽管她努力控制，但还是难以抑制悲伤，泣不成声，一遍又一遍地对我说，她感到痛不欲生。我问她觉得自己现在最需要的是什么，她说，"我想要更坚强——我觉得如果不更坚强一些，我没有办法熬过去，或许我还需要一些信心。"

我请她回想一下，她是否曾有过坚不可摧的意志，是否也曾对未来满怀信心。她回忆起了 10 年前她叔叔去世时的情景。虽然她不太记得具体细节了，但她还记得，那时的自己对未来充满信心、非常坚强，还成为了当时婶婶重要的精神依靠。我鼓励詹妮尔想象自己再次回到那里，留意观察那里的一切，包括她的所见、所闻、所嗅和所感。在她想象的过程中，我让她留意自己是在何地感受到那种意志力和信心的。在她接下来的想象过程中，这种感觉越来越强烈，她感觉身体里的每一个细胞都充满了能量和信心。不一会儿，她的表情变得平和了许多，她下意识地坐直了起来。几分钟后，我让她停止想象，带着强大的意志力与信心回到现实。当她睁开眼睛时，她看着我说："知道吗，也许我将来真的能够变得坚强、充满自信，但我现在真的做不到。"

当然，詹妮尔仍然有很多伤心难过的事，也会经历许多心理考验，但现在她正慢慢找回自己的力量和信心，而且每当她感到害怕迷茫的时候，她知道了怎么让自己重新站起来。一个星期后，我又见到她，她告诉我："我几乎每天都在使用这种方法，我感觉自己越来越坚强了，对未来也越来越有信心了。"

★ ★ ★

何为个人品格

个人品格是可以弥补性格不足的特质。品格不是情绪，但具有某些特定品格的人往往更容易表达特殊的情绪，也常常会唤起他人的某些情绪。就像无忧无虑、温柔体贴的人更容易传递快乐，也会对身边人的痛苦感同身受，这样的人会让别人感到安心；相反，粗鲁好斗的人易怒，也更容易唤起别人的戒心、恐惧与愤怒。

品格既会吸引人，也可能让人心生反感，因此，不同的品格决定了一个人在事业上、人际交往中或生活中能否获得成功。雇主们更器重守时、容易相处、认真负责的人，而朋友们可能会更欣赏自然、忠诚和有幽默感的人。没人会喜欢傲慢、自私、粗鲁的人。

我们大多数人都能够在不同的情况下展现自己多样的品格特质。在特定环境下，优秀品格意象冥想有助于增强自身的品格修养——尤其是当你感到焦虑或忧虑时。它与积极忧虑相似，但还存在些许不同，它更侧重于强调我们的处事态度，而非事情的结果。假如你担心自己会不自觉地显得恐慌、忸怩或表现得很愚蠢，那么，优秀品格意象能让你更有自信、更富有创造力，从而大大提高你成功的可能性。

下面这张清单上列有许多人们梦寐以求的品格，具有这些特质的人比其他人更容易获得成功。这只是其中一部分的内容，并不全面。我将那些不能催人奋进的品格特质排除在外，例如暴躁、易怒、无礼或浮夸；也剔除了那些也许在对峙过程中或职业足球比赛中有些用处，但在一般社交场合不受欢迎的特质，比如好斗、强势、残忍等。

这些品格特质能让人们在处理大多数重要的社交、工作和家庭问题时更加得心应手。如果有你需要但却没有出现在清单中的特质，你可以写出来，然后在冥想练习过程中将其作为重点。这个练习旨在帮助练习者更深刻地体会优秀的品格对我们的影响。

首先，浏览表 10-1 中所示的品格特质。你觉得自己有以下哪些特质？在你看来，你身上最优秀的品格是什么，讲出10 个，不要管这些品格有没有出现在下面的清单里。你有没有想体验或者想更积极地、频繁地展现出来的特质呢？

表 10-1　优秀品格清单

思想开明的	随和的	精确的	适应性强的
具有冒险精神的	雄心勃勃的	善于分析的	懂得珍惜的
平易近人的	口才好的	立场坚定的	可靠的

（续表）

自律的	冷静的	坦诚的	慎重的
开朗的	有协作精神的	效忠的	富有同情心的
好胜心强的	自信的	志趣相投的	认真的
保守的	体贴的	始终如一的	有合作精神的
有成本意识的	有创意的	有求知欲的	果断的
有奉献精神的	值得信任的	细心的	有决心的
老练的	守纪律的	谨慎的	发愤图强的
精力充沛的	热心的	能干的	有同理心的
充满活力的	和善的	热情的	有创业精神的
有道德的	公平的	灵活的	宽容的
友好的	慷慨的	目标明确的	勤劳的
乐于助人的	诚实的	幽默的	富有想象力的
包容的	独立的	勤勉的	有影响力的
富有革新精神的	好问的	聪明的	敏锐的
善良的	稳健的	忠诚的	成熟的
有条不紊的	善于观察的	豁达的	乐观的
有条理的	外向的	热情的	有耐心的
有洞察力的	有毅力的	风度翩翩的	有说服力的
讨人喜欢的	泰然自若的	有礼貌的	讲究实效的
一丝不苟的	注重过程的	多产的	专业的
准时的	理智的	现实的	公道的
尽责的	适应性强的	足智多谋的	恭敬的
负责的	敏感的	注重结果的	有自知之明的

（续表）

有上进心的	自力更生的	自给自足的	真诚的
自然的	得体的	有团队精神的	顽强的
缜密的	周到的	宽厚的	守信用的
有价值导向的	多才多艺的	朝气蓬勃的	富有远见的

★ ★ ★

如何利用意象塑造优秀品格

这个优秀品格意象练习，不仅能够帮助我们塑造优秀的品格，还能让我们在解决忧虑的过程中受益匪浅。无论你是决定要接受让你无能为力的事实，还是转化忧虑，抑或是培养能使你采取有效行动的品格特质，你都可以借助这个练习来完成。当然，当你发现自己的不足时，比如缺乏勇气、耐心、意志力、毅力、适应性或者其他能让你更从容面对生活的特质，不论是什么时候，你都可以运用这种方法。当你准备实施你的行动计划时，优秀品格冥想能够激励并增强你的自信；在工作面试、重要会议、运动、演讲或艺术表演等场合下，优秀品格冥想还能激发出你身上更多优秀的品格；在准备与家人或老板进行重要谈话或者约会前，优秀品格冥想能让你平心静气。

不论你是打算培养对待孩子的耐心还是增强对工作的自信，这个优秀品格意象练习都是一个绝佳的发轫之始。它能将你的注意力更多地集中到你对事态发展的期望上，而不是相反的态度上。这与积极忧虑意象有些相似，不同的是这个练习更侧重于增强你曾经的感觉，也就是你想要展示某些品格时的感觉。

在优秀品格意象练习中，你需要运用与某个记忆或意象相关的感官细节，去回想曾经展现出那些你期待的品格时自己的感觉。你可以回忆一下，当你感受到并展现出类似的特质时，整个过程如何，你的声音听起来怎么样，以及——最重要的是你的身体和面部的感觉如何。然后，再用想象力来放大这些感觉，并把这些感觉带到你当下的现实生活中。如此一来，你就可以在生活中尽情地展现自己梦寐以求的特质。

在之前的意象练习中，为了增强放松、平静和安宁的感觉，我们早已经多次用到过这个练习方法，而且后来在有效行动法的意象预演步骤里，又作为收尾出现过。运用这个方法，你会体会到什么是成功的感觉，无论是在放松时还是实现目标之后。一旦你体会到了成功的滋味，就让这种感觉扩大并填满整个身体。此时，你要特别留意一下自己的身体姿态和面部表情，这样你就可以借助这两种最重要的非言语指标来判断自己

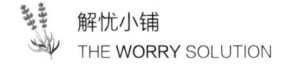
的感觉，这样能反过来让你更直观、更强烈地感受到这些特质的存在。

研究表明，我们的许多情绪都是通过肢体语言和面部表情表达的，而大多数人的右脑又是专门用来留意和传达这些细微的情绪变化的。因此，当含有面部表情的图片只向我们的左脑半球展示时，我们则无法将快乐与悲伤区分开，也无法分清恐惧和愤怒；而另一方面，我们的右脑半球能迅速分辨各种情绪的变化，即使是对最微妙的变化也能准确判断。

加利福尼亚大学旧金山分校心理学名誉教授保罗·艾克曼（Paul Ekman）博士，几十年来，一直致力于研究与各种情绪相关的面部表情。他发现，不论是生活在婆罗洲丛林里的猎人还是居住在纽约皇后区的家庭主妇，在表达特定的情绪时，人们的面部表情都是一样的。尽管存在文化差异，人们快乐、悲伤、愤怒或恐惧的原因也许各不相同，但当人们感受到某种情绪时，他们表达这种情绪的面部肌肉活动却是相同的。

在确定了与特定的情绪相关的面部肌肉的运动模式之后，艾克曼就使用生物反馈设备来训练大学生通过简单反复地肌肉运动来模仿这些面部表情。在学生们能模仿出快乐、恐惧或愤怒的表情之前，他不断地指导学生"放松口轮匝肌"或"收缩皱眉肌"。当学生们用这种方式运动面部时，他们说，他们觉得自己确实感受到了那种情绪，即使没有人提出或没有人给予任何相应的情感提示。

这就是为什么在做优秀品格意象练习时我们会如此重视对身体姿态、面部表情和语音语调的想象。用心留意当这些线索刺激你的情绪或某种品格时的感觉，放大这种感觉，并将这种感觉带回现实中。

★ ★ ★

在特定情况下使用优秀品格意象法

现在，让我们把优秀品格意象应用到一个可能让你忧虑的事件里，这可能是一件你想要放下、接受或采取行动改变的事情。不论你想放下还是接受，你都可能要专注于塑造这些特质，比如开明、务实、同理心和适应性。如果你需要做出这样的改变，以下这些特质可能会让你受益，比如勇气、信心、创造力或毅力。

当你在考虑问题时，问自己什么样的品格特质能帮助你实现自己选择的行动。记住，无论你接受还是放手都是一种行动，即使它们只存在于你的思想中。

我发现，当你一次只专注不超过三个品格特质时，这个冥想练习能发挥出最好的效果。超过三个的话不仅会让人抓不住重点、主次不清，而且你也很难回忆起自己曾经具有过这样的品格特质。

与之前一样，你要带着目的进入内心——你的目的就应该是获得并增强你想要的特定的品格。开始时，只专注 1~3 个特质就好，不要太强迫自己，因为当你把注意力转移到内心世界时，你的无意识大脑可能会赋予你其他的特质，而这些特质会助你一臂之力。

莱斯利的丈夫汤姆近来越来越易怒，酒量也与日俱增，莱斯利很担心，想和他谈一谈。她知道一直以来他的工作压力都很大，家庭经济负担也越来越重。孩子们逐渐长大，到了该上大学的年纪，汤姆一直有用信用卡的习惯，这个习惯正在成为威胁甚至压垮他们家的罪魁祸首。莱斯利曾多次试图和汤姆讨论，可结果不是被他直接无视，就是被粗暴地回绝了。她发现自己已经不知道如何与丈夫沟通了。但无论如何，她还是必须找他谈谈。只是她还不知道该如何接近他，她觉得如果自己能更勇敢一些、更果断一点，也许她就能和丈夫彻底地谈一谈了。

莱斯利先开始放松，然后进入自己的内心世界去提高自己的品格修养，但此时出现在脑中的意象让她颇感意外。那是她与汤姆度蜜月时的画面，那时，他们温存过后，坐在炉火旁放松。她回忆起，当时她觉得与汤姆亲密无间，很有安全感。但很快，她意识到今非昔比了，这让她感到很难过。同时，她感觉到汤姆也很孤独。这时她开始同情汤姆，但恐慌感和烦躁感便随之而来。她明白自己必须有所行动了，也渐渐明白，苛求汤姆去改变并不能给她带来她想要的结果。

相反，她想象自己以一种轻松、亲密的方式和汤姆在一起，然后告诉他自己有多么爱他，也知道他过得很艰难。她也想要告诉他，自己会是他永远的伙伴，他要信任她，并且相信他们可以共同面对困难。在她的想象中，汤姆泪流满面，承认他不愿意和她沟通分享是因为他觉得自己让她和孩子们失望了，自己无法为家人提供舒适的生活，他很害怕，也很羞愧。即使他自己真的显得软弱或有些失控，他还是不愿意让别人知道。

想象中，莱斯利对汤姆说，她并没有觉得他软弱。她只是担心他，他用酒精麻痹自己，又把自己与世隔绝起来，其实他大可不必这样。她让他知道，她需要他保持坚强，他也要相信她会同样坚强。在她的脑海里，他似乎松了一口气，她想象着他们拥抱了彼此。

莱斯利结束了想象，回到现实之后，她希望自己能更多地向汤姆表达自己的爱，让两个人重新找回亲密无间的感觉。她对汤姆说有一个惊喜要给他。到了周末，她把孩子带去她父母家，莱斯利准备了一顿特别丰盛的晚餐，开了一瓶好酒。家里没有壁炉，所以她在电视上播放圣诞节原木燃烧的 DVD 制造气氛。晚饭后，莱斯利对汤姆说，她爱他，现在她对他们之间的疏离感到很不安。她告诉他，她回忆起他们之前的恋爱时光，她希望能与他重新找回当初的感觉。他们在沙发上拥抱，之后他们在彼此的怀里睡着了，他们很久都没有这样过了。后来，汤姆开始与她分享自己的烦恼。他们达成了共识，觉得应该共同面对所有的挑战。汤姆也答应戒酒一段时间。他们找了一位财务顾问，制定了一份家庭预算。之后，两人都不再感到那么焦虑、忧虑，也不像之前那么孤独了。

莱斯利能够理性地分析当前的形势，这是她最终能采取果断行动来克服困难的重要一步——事实上，如果之前没能解决问题的话，采取果断行动是很有必要的。但同时，莱斯利的情绪脑也起到了至关重要的作用，因为只有情绪脑才知道如何与在痛苦中挣扎的汤姆相处。假如汤姆曾经长时间虐待、不尊重或甚至欺骗莱斯利，那么莱斯利完全有理由坚持维护自己的权利，或者如果沟通失败的话，她还可以考虑分居。那么在这种情况下，她就只能是一位悲伤的妻子，因为自己的丈夫在遇到困难举步维艰时，她还试图以一种极不健康且无效的方式来应对。然而正是她的爱、温暖、善良和同理心让他们重新走到了一起，并共同解决问题。

莱斯利的目标是帮助她的丈夫走出情绪的低谷，保护他和孩子们以及他们的未来。假如事情不能如她所愿，又或者汤姆已经成为一个彻彻底底的酒鬼，变成一个不负责任的父亲和丈夫，折磨、虐待她和孩子们，那么莱斯利可能就需要采取其他的行动——她将需要更大的勇气、果断或者对抗的力量。庆幸的是，事情没有那么糟糕，一剂耐心、爱和理解的良方有了奇效。莱斯利的情绪脑明白她的想法，所以当她静下心来，走进自己的内心时，她的意象引导她成功地解决了这个问题。

莱斯利的故事再次证明，巧妙合理地使用意象可以改善思考脑和情绪脑之间自上而下和自下而上的沟通。有时候，思考脑明白恐惧和逃避并不能解决问题，因此，它会引导情绪脑让你回想起曾有过的品格来解决当下问题。其他时候，情绪脑会向你展示最有效的补救措施，因为它自始至终都会从大局的角度来观察事态的发展，同时记录有关你、你的配偶、你的家庭以及你的其他社会关系的数据。因此，相比任何一本指南书，你的大脑更能为你量身定制一套解决问题的方案，这并不足为奇。使用意象导引法邀请这种来自于情绪与直觉的古老智慧帮助你，这是你能够有效地、人性化地解决生活中可能遇到的任何问题的绝佳机会。

***

塑造你的第二天性

现在轮到你来做这个练习了。就像这本书中的所有方法一样，你首先需要花时间放松，并将注意力集中到你的内心，暂时抛开大部分现实生活中的烦恼，这样才会有效果。放松并关注内心深处，让此时的这个意象成为大脑的"头条新闻"，加深对它的印象，不要让它仅仅成为你大脑中每天闪过的千万个想法之一。

如果你正在为某个重要活动或改变做准备，并且你还有充裕的时间，那么你可以提前几周开始练习这种方法，每天一次或两次。多加练习后，它将成为你的第二天性，你会发现自己在任何情况下都能够快速回忆起与自己所需品格相关的意象了。

其他技能也一样，练习得越多，你就会运用得更加流畅自然。虽然某件事情不期将至，时间紧迫，但即使是一次练习也能帮助你获得你想塑造或提升的品格特质。

✦ ✦ ✦

优秀品格意象法

与之前的准备工作一样，找到让自己舒服的地方和姿势，
确保在接下来的 20 至 30 分钟时间里，你不会被打扰，除非有
真正紧急事件。花一点时间思考一下目前的情况，看看自己还
需要哪些品格特质来帮助自己。你可以选择自己阅读，也可以
请其他人帮你朗读。

优秀品格意象法

以自己习惯的方式开始放松，慢慢开始深呼吸，自然地
深呼吸。每一次吸气都感觉自己向身体注入了新鲜的空气、
氧气以及新的活力，每一次呼气都能释放你的紧张、不适或
者忧虑……

深呼吸，迎接每一次吸气带来的新想法和新的活力，释
放身体上的紧张感，抛开心灵上的烦恼，开始放松，开始改
变方法，轻松自然地，不要强迫自己，不要急于求成。让其
自然发生，你所要做的就是呼吸、放松，为身体注入新的活
力……

如果之后你觉得还不够放松的话，就再多深呼吸几次，但现在，你需要做的就是自然均匀地呼吸。呼吸时，身体自然地起伏运动，不要刻意做任何动作……

现在，深度放松，留意一下你右脚有什么感觉，左脚呢？回想一下你之前没有留意你双脚时的感觉，而现在，当你把注意力转移到双脚上时，你的双脚是什么感觉呢……

留意一下，如果你邀请双脚开始放松，双脚会做何反应，当双脚变得柔软、自在，不要担心双脚的放松程度如何。同样地，让双腿自然放松，不要刻意，让双腿舒适自在地放松……

现在有放松的感觉了吗？不要刻意，也不要担心放松的程度如何，让双腿自然地放松……

如果你愿意的话，你还可以进行更深度舒适的放松，继续观察身体的其他部位，让它们自然地变得柔软、放松。如果你想要把注意力拉回到现实，你只需要睁开眼睛，环顾四周，集中精力。假如你需要对一些事情做出反应，你可以去做，然后你可以再次进行放松，并将注意力集中到你想象的内心世界……

让你的下背部、盆骨和臀部开始放松，然后是腹部、上腹部、胸部和胸腔。不要太过刻意，顺其自然就好，这么做的时候要保持清醒……

让你的背部和脊柱慢慢变得柔软、放松，然后是下背部、中背部、肩胛骨之间、颈部和肩膀、手臂、肘部、前臂，让身体的这些部位都开始自然放松，并进入一种更为舒适的状态。接下来是手腕、手、手掌、手指、拇指……

注意你的脸和下巴，开始放松，让它们变得柔软、舒适。接下来是头皮、额头，自然放松，眼睛、舌头也别漏掉，也要放松……

放松的同时，让注意力从现实世界转移到内心世界。你的内心世界，是一个只有你可以看得到、听得到、闻得到、感觉得到的地方。这里是你的回忆、你的梦想、你的情感、你的愿景聚合的地方；也是一个可以与你互连互通的地方；一个在你的人生旅途中对你大有裨益的地方……

想象在一个很特别、很美丽的地方，它让你感到舒适和放松，让你很清醒。也许你曾经在现实世界或内心世界里到过那里，或许你曾见过那个地方，也或许这是一个你完全陌生的地方，哪一种都无所谓，只要选择一个对你来说非常美丽的、安全的，让你觉得自在、舒服和安宁的地方，一个让你觉得可以疗愈自己的安全之所……

假如你脑中出现多种选择，挑选其中一个最吸引你的，并花一些时间去探索这里。留意你在那里看到的一切……所有你看到的事物的颜色和形状。不要担心你如何想象这里，只要对你来说，这里是美丽的，让你感到安心即可……

留意一下，想象中你是否听到什么，或者这里真的悄然无声。留意一下，你是否闻到空气中有某种特别的香味，也许有，也许没有，这都无所谓，只要这里让你觉得心安就好。随着时间的推移，这里也许会发生一些变化，也或许不会发生，这都不重要，重要的是想象你正在那里努力探索那个世界。

留意一下，那里是什么时间、温度如何、什么季节。留意那些让你感觉最轻松、舒适的地方，想象你在那里舒服地安顿下来……留意一下，当你想象自己正身处于此的时候，你的感觉如何，让这个经历成为一次愉快的体验吧。假如你时不时地会走神，那么就再做一两次深呼吸，然后把注意力集中到这个美丽的地方，暂时停下来。不要想着去其他地方，或者做什么事情，暂时停下来……

现在想象那些你想具备的品格，轻轻地说出它们，如果你愿意，你可以大声地说出它们，花点时间去回忆你曾经拥有这些品格的时候，想象你又回到了曾经那个时候、那个地方。留意你在哪里，在做什么。是否发生了什么事？谁和你在一起？

花一些时间去注意细节。当你环顾四周时，留意你所看到的和所听到的一切。自在地待在那里。留意一下你是否闻到任何气味以及你的感觉如何。想一想自己是否曾经拥有过这些特质，或者是否想起什么人也拥有这些特质，也许是你认识的人，也许是某位历史上或你想象中的人物……

或者你可以大胆想象，假如你确实强烈地感受到自己拥有这些品格，会是怎样……

然后想象你现在已经具有这些品格……并特别留意一下，此时你的感觉如何……注意感受它们的存在，同时留意在你身体的哪个部位感觉最强烈。用意识轻轻地上下扫描你的身体，留意一下，这些感觉是否聚集在某处，在身体的不同部位，这些感觉是否有强弱之分，在你的面部、头部、胸部、腹部、骨盆……手臂、腿或其他任何地方……

当你感受到这些特质时，留意一下你的身体姿态……留意一下你的面部表情，有什么变化吗……当你感受到身体内这些品格的存在时，想象一下，你的声音听起来如何……当你感受到这些品格时，想象一下，你的行动如何？

如果你感到很舒服，想象你可以让拥有这些品格的感觉变得更加强烈一些，慢慢地变化……只需要保持放松和自在，想象这种感觉开始蔓延并充盈你整个身体……好像你身体的每一个细胞都被这些品格的出现触动了……

花一些时间让这些感觉来得更强烈一些……就好像洗照片那样……想象一下，感觉从中心向外辐射，就像太阳光那样向四周扩散，想象这些品格充盈你整个身体……想象一下，这些感觉自上而下，从你的腿部到脚底板……从你的手臂到手掌……手指尖和拇指……你的面部……并触及你内心最深处……和你所有的器官、骨骼和肌肉……

你身体里的所有其他组织和细胞……想象一下，它们像海绵一样吸收这些品格特质……让你接近饱和……再次默念或者大声地将它们说出来……

然后，如果你喜欢，想象你有一个旋钮或控制按钮，就像你操作收音机或电视那样，你可以调节强度，就像你在收音机上调节音量一样……想象一下，这些品格特质带来的感觉流遍了你全身各处，填满了身体周围的每一寸地方……这种感觉如何……

只要你愿意，你可以让这种感觉来得更加强烈，想象你身体四周几英尺的范围都被它填满……越来越强大，大到足以填满你的房间……有了你梦寐以求的特质……你可以随心所欲地调节这种感觉的强弱……来填满你的城市……只要你喜欢，整个世界都可以……试想一下，你可以随心所欲地调节，如果你感到不适，你可以随时停下来……任何时候，你都可以再把它调回到让你感觉舒适的强度……

感觉并不一定越强烈越好。最合适的状态，就是你感到自在舒适的状态……就像一个人在房间听收音机，享受一个人的时光……自在舒适就是最好的状态……感觉没有对错之分，因此，舒服自在才是最重要的……留意一下，哪种强度的感觉最舒服呢……享受一会儿……你可以随时随地以任何方式进行调整……

　　只要你喜欢，你可以一直保持这种感觉，甚至当你决定把你的注意力拉回现实时，你还可以把这种感觉一并带回……时间很充裕，不着急……

　　在将注意力拉回现实之前……请务必要向内心表达谢意，感谢它专门为你准备的这个自在安全的地方……一个你可以来进行深度放松、获得重生的地方，一个可以让你随心所欲地进行改变的地方……向你被赋予的选择与改变的能力表达感谢……向你拥有辨识与使用这种品格特质表达感谢……向你强大的想象力表达感谢……

　　当你准备好了之后，让所有的意象慢慢消失，回到它们原来的地方……你需要记住的就是你带着自己选择的品格回到了现实生活……你随时都能将这些品格展现出来……同时，你还需要知道，当你需要时，你还有其他许多优点和长处……

　　当你准备好了，轻轻地把你的注意力带回到你现在身处的房间，回到现实的时空……把你所学到的东西带回来，无论是重要的还是有趣的……包括任何舒适的、放松的、强大的力量或你想要感受和使用的特质……

　　当你的注意力完全回到现实时……轻轻地将身体舒展开，睁开眼睛，并带着你最重要的记忆……回到现实中，完全清醒。

　　花点时间把你的经历记录下来或者画下来。

***

回顾优秀品格意象法练习

你选择的是哪一种或哪些品格特质呢？

你是否记得自己曾经展现过这种品格？

你能想象出有谁具有这种品格吗？或者你想象一下，如果你拥有了这样的品格会是什么样的？

你想在什么情形下展现这种品格呢？

想象一下，当你展现出这个品格特质时，情况是否会有不同？

如果是的话，你注意到了哪些不同？

在这种情况下，还有其他的品格能帮助你吗？

你觉得对帮助你感受这些品格特质的最有用的建议是什么？你曾经获得过吗？从别人那里还是在意象中获得的？你注意到你的身体姿态了吗？你的面部表情和声音呢？假如有哪个感官的感觉让你的整个体验感更加强烈，那么在你使用这个方法时，一定要集中在这个感觉上。

关于这次的体验或过程，你有任何问题吗？

★ ★ ★

优秀品格意象法的其他用途

你还能想象自己在其他什么情况下可以使用优秀品格意象法吗？你能想象用它来激发更多的创意来帮助你解决问题吗？或者让你在从事写作、绘画、音乐、装饰或其他创造性的活动时获得更多灵感？你能想象在演讲或表演之前，使用这种方法来建立自己的信心吗？你能想象用这种方法专注于一场比赛或一场竞争吗？又或者为你筹划晚宴或社交晚会提供灵感？去面试或约会时，让你精力集中，处于最佳状态？或者在激烈的家庭讨论时，你可以表现出更多的耐心和同理心？许多人都告诉我，除了内在智慧冥想之外，这种意象法应该是最为广泛使用的一种方法。

这是一个简单而有效的方法，它能够将你的重心转移到你对事态发展的期望上。它可以帮助你随时展现出那些优秀的品格，也能为你提供成为最好的自己所需的动机和动力，同时还能有助于你创造自己梦寐以求的人生。

THE *W* ORRY SOLUTION

第 11 章

对待忧虑的态度

你唯一不能从我身上带走的就是我选择如何回应你的方式。在一个被人设定并安排好的环境里，人唯一的自由就是选择对待事物的态度。

——维克多·弗兰克

归根到底，这是一本有关自由与选择的书。它是一本能让你运用人类与生俱来的天赋——智力——去尽可能地品味自由充实的人生的书籍。

有些人认为，现实中的一切都是由大脑和思维创造出来的，而其他人则认为，如果其他生物也能进行自由选择、发挥自由意志，那么人类与它们并没有什么不同。人类的生活方式是建立在我们将如何改变自己和周围的世界这个信念之上的。亨利·福特曾说过："无论你相不相信，你通常是正确的。"

那么你认为自己到底是现实生活的唯一缔造者，或者是命运的被动接受者，还是介于两者之间呢？这是一个没有正确答案的问题。不论你持哪种人生观，你都能过得很充实。假如你坚信自己的命运早已交托给更高的神秘力量掌控，那么，你人生的主题就是信仰和接受；假如你觉得人生中收获的一切都是由自己一手创造的，那么，你人生的主题就是创造和成就；如果你和我一样，你可以选择享受生活，同时选择去相信有些事情超出了我们的控制，而另一些则尽在我们的掌握之中。

　　无论如何，我相信在宇宙中总有一股比我更强大的力量。这股力量神秘莫测、不可捉摸，比我能想象到的一切力量都要强大、复杂。我不反对将其称之为"上帝"。我十分赞同著名的瑞士心理学家卡尔·荣格曾经说过的话。他曾被问到过是否相信上帝，他的回答是："相信？我知道上帝存在！上帝虽然不是由我创造出来，但却出现在我生命中，妨碍我去实施自己精心制订的计划和实现愿望。"我也不反对你将其称为"大神""宇宙""超灵""宇宙的智慧"，或简单地称之为"神灵"。

　　有人相信我们的大脑创造了现实中的一切，那真的是大错特错、纯属异想天开。人生不如意事十之八九，尽管这些不如意都非你所愿，但这些不如意背后的力量已经根深蒂固、所向无敌、变幻莫测，你能做的只是默默承受，并保持敬畏。再强调一下，这股力量比你要强大。

　　我的好朋友布鲁斯·维克多（Bruce Victor）是旧金山著名的心理学家，他向我提及了梅尔·布鲁克斯（Mel Brooks）的一部短剧《两千岁老人》，描述的是上帝和祈祷者的故事。

　　　卡尔·雷纳：发现上帝时，你就在旁边吗？

　　　梅尔·布鲁克斯：是的，几年了……

　　　雷纳：在此之前，你崇拜过什么吗？

　　　布鲁克斯：有，有一个家伙，菲尔……

雷纳：菲尔？你崇拜一个名叫菲尔的人？

布鲁克斯：是的，大块头，菲尔。他会伤到别人——即使他只是摔在你身上，他都能伤到你。所以我们就祈祷："菲尔，不要伤害我们，菲尔。请不要伤害我们。"

雷纳：那你是怎么发现上帝的呢？

布鲁克斯：有一天，一道闪电击中了菲尔，他当场就死了。所以我们说："哦，原来还有比菲尔更强大的力量存在……"

对于我们来说，这种更强大的力量的存在喜忧参半，你所选择的应对生活的方式是你大部分人生经历的"缔造者"。如果你相信一切都是最好的安排，那么你的人生经历将与有些人截然不同，因为他们中有的人认为，生命中的一切都是偶然的结合，还有些人相信一切都是命中注定。

我们的生活品质在很大程度上取决于我们的想法、信念和态度，而实际上，我们的大多数核心信念（认知治疗中的概念）并不一定与事实相符。因为这些信念也许仅是经由我们的家庭、社区或文化传承下来的。这也正是为什么我们需要能够意识到自己的想法，这样我们才可以在察觉它们与事实不符时或对我们来说无益时，对它们进行修正。

许多人从来没有认真地审视过自己的想法以及自我形象，

所以聪明的人会觉得他们愚昧无知；漂亮的人会认为他们形象不佳；坚强的人会认为他们软弱无能。而让其他人产生这样的误解，是因为他们从幼年时期就已经形成这些想法与判断并渐渐地接受了它们，在之后的人生中，他们戴上了一个个面具，从面具后面看世上的人和事。就像当你戴上一副彩色镜片时，整个世界都会变成这种颜色，所以如果你脑中一直存在某些根深蒂固的观念，那么你看世界的角度也会受到这些观念潜移默化的影响。

当你学会平心静气地去观察自己的想法和感受时，你才能更好地领会人生经历和智慧，更深入地思考你是谁、你是什么。你才有机会选择看待事情的角度，而不是想当然地揣度，这是你打破思维定势、增加见识的绝佳机会。

假如你觉得自己别无选择、只能得过且过了，我想你不会选择读这本书，所以我相信，对于生活，我们还有最起码的控制权。有多少控制权呢？谁知道呢？也许很少，但即使很少，它也非常重要。几年前，为了思考这个问题，我进行过冥想修习。冥想中，我得到了一个意象———一条河。我乘着轻舟沿着这条河航行。有时，河很宽，流速很慢，我可以划着独木舟轻松地顺流而下、逆流而上或横穿过河。我还跳进河里游泳，甚至在顺流而下时打了一会儿盹儿。目的地在哪以及如何到达那里都尽在我的掌控之中。但在有些地方，水流又变得很急，我没办法再逆流而上了，横穿急流也变得很困难、很危险。在这些地方，我十分注意保持身体的平衡，随时调整船与周围湍急的水流之间的平衡。急流不停地冲刷所经之处屹立着的巨石和峡谷的岩壁。在急流中，船身很难保持平衡——尽管很困难，但我最终还是安全通过了。在穿过急流的过程中，我不仅要放轻松，同时还要保持警觉、密切关注水流状况，并控制好船身以避免撞到岩石，然后从狭窄的通道穿过。一位来自东方的智者斯瓦米·穆克塔南达（Swami Muktananda）曾经说过："我们对生活的掌控力很小，也许只有2%，但即使只有2%也不可或缺！"

关于人生，我们能做的最基本的就是选择将注意力集中于何处，以及如何解读我们所了解的世界。这两种选择就是有意识地生活和无意识地生活的区别。艺术家兼作家阿什雷·布里连特（Ashleigh Brilliant）自称是讽刺诗人，他说："正是因为有一些不受我控制的情况存在，我才称得上是命运的主人、灵魂的船长。"

虽然书里的方法并不能消除我们所有的苦难与痛苦，但会消除那些不必要的痛苦、那些庸人自扰的痛苦以及那些你没有意识到的大脑与思维模式共同创造出来的痛苦。也许你还没有意识到，你已经开始习惯性地忧虑了，也不知道其实你有能力改变自己的心理习惯。改变习惯最有效的方法就是养成一种新

的习惯，待其熟能生巧之后，用新习惯代替老习惯，重新铺设一条大脑通路。

★ ★ ★

熟能生巧，善待忧虑

有时候，如果你足够幸运、幸福，或者处于高度紧张的状态，你会因为一次顿悟而突然蜕变。顿悟就像是一道闪电突然划过脑际，能瞬间并且永久地改变你的思考方式和生活方式。但如果你还在等待顿悟的到来，你不妨实践你所学的新技能。它们会逐渐改变你，尽管这个过程较顿悟慢，但是它们最终会改变你。

你不需要完美无缺才能善用忧虑。你也毋须经过几千小时的锤炼才能从中受益。脑研究人员发现，在一个人学习新技能的几天内，神经细胞就会开始形成新的连接。我希望，当这些技能已经成为你日常生活的一部分之后，你会获益良多。

在我的解忧课上，我已经注意到，不同的课程内容能在不同时期帮助不同的人。几乎所有人都认为，放松、写下并且分清忧虑很有帮助。那些因许多自己无能为力的事情而忧虑的人则认为积极忧虑意象法非常有效，而那些待办事项清单很长的人则更倾心于有效行动法。还有许多人认为，说到帮助最大的，那么内在智慧和优秀品格意象法无出其右了。到现在为止，你的解忧工具箱中已经有了一整套精良的设备，它们帮你纾解并消除情绪上的忧虑。"工具箱"中有许多与意象有关的技能，这些技能的有效性会随着练习频率的增多而逐渐提高。你用的越多，你再次使用时就越容易、越自然，最后你会发现，自己已经完全有能力挑选并使用在各种境遇下最适用的方法。

当人们第一次学会放松时，他们会觉得很不可思议——也许这都是因为他们在那时才意识到，原来自己并不像以前想象的那样无助。我经常看到，人们因浅层的放松和意象而受益匪浅。如果你可以熟练地使用这些工具，那么最终将对你大有裨益。

当我向患者介绍放松和意象的时候，我通常建议他们最好连续三周每天进行两次练习。尽管脑研究人员发现，新的神经通路在练习新技能的几小时或几天之内就会形成，但我建议大家进行三周的常规实践，因为这样的练习频率可以更好地铺设一个脑通路网络，让练习更加容易、高效。频繁地做早期练习的患者通常恢复得比预期要好，他们感到更放松，不那么紧张，也能更好地控制情绪，于是身体上的各种症状慢慢就会消

失。即便是他们错过一两次治疗，效果还会很明显。

经常有人向我咨询，该如何掌握冥想的频率。我的目标是，在大多数日子里找时间来放松，开阔思维来了解世界。在压力大的时候，我试着找更多的时间来放松，让不安的那部分自己平静下来，给那个可以更强大的、睿智的、平静的自己让出空间。我鼓励你也如法炮制——因为它能帮你迎难而上、排除万难。

多亏了这些丰富多样的放松和冥想的修习方法，我大部分时候都能保持镇定，尽管也不是所有时候都可以。我不确定那种全天候不间断的心如止水的状态是不是我的目标，因为只有我们经历过情绪起伏，我们才能知道什么才是真正重要的。意象不仅能被用来测试我们的反应，还能汲取情绪脑／直觉脑的智慧，从而让我们更好地认识和理解世界，提高我们解决问题的能力，但前提是这些问题是可以解决的。不仅如此，它还有助于我们接受那些无法改变的事情。

这些方法也许并不能消除你所有的压力，但它能够让你避免为那些不应该紧张不安的事情而惊慌失措，也会教你用更健康、更有效的方法来应对那些不可避免的压力和痛苦。

我们有我们的烦恼、问题和挑战，但同时我们也有我们的优势、创造力、想象力、意志力以及做出选择的能力。让我们学会利用这些与生俱来的天赋，使我们的世界变得更美好。

版权声明

The Worry Solution: Using Breakthrough Brain Science to Turn Stress
And Anxiety into Confidence and Happiness

ISBN 978-0-307-71823-5

Copyright © 2010 by Martin L. Rossman, M.D.

This translation is published by arrangement with Lowenstein
Associates through Andrew Nurnberg Associates International Limited.
Simplified Chinese edition copyright © 2017 by POSTS & TELECOM-
MUNICATIONS PRESS.